図解・橋の科学

なぜその形なのか？　どう架けるのか？

土木学会関西支部編　田中輝彦／渡邊英一他　著

ブルーバックス

●カバー装幀／芦澤泰偉・児崎雅淑
●カバー写真（明石海峡大橋）／アフロ
●本文デザイン／土方芳枝
●本文図版／さくら工芸社

はじめに

家を一歩出ると、そこには道があり、その道はやがて必ず、さまざまな橋につながっていきます。私たちは通勤や通学に、あるいは行楽や買い物に、毎日のように橋を利用しています。そして橋は世界の経済活動に欠かせない流通を支えるためにも、なくてはならないものです。しかし、あまりにも身近なために、ふだんはその存在を忘れてしまうほど、橋は私たちの生活に密着しています。

ドイツの哲学者ジンメルは、道路や橋をつくることは、動物にはできない人間固有の大事業であると述べています。人々はこの地球上で知的活動を始めた太古の時代から、知恵をめぐらし、経験を積み重ねて、さまざまな橋を架けてきました。

小さな川を渡る橋から始まり、大型道路や鉄道を通す橋、海峡を渡る橋まで、大小さまざまな形の橋があります。歴史に名を残す橋、悲喜こもごもの物語を秘めた橋もあります。はかりしれない数の人々や物品を渡してきた橋は、社会の財産であり、私たち一人ひとりのものといってもよいでしょう。

本書は、そんな橋のことをもっとみなさんに知っていただこうと、橋の専門家たちが協力して書いたものです。ひとつの橋を架けるために、人々はどんなことを考え、どんな作業をしているのか。日頃、みなさんが想像したこともないたくさんの驚きがそこにはあるはずです。

橋は、まず強くて、長く使える安全なものでなくてはなりません。そして、目的にあった経済的なものでなくてはなりません。計画にあたっては、安全性、経済性、機能性、有用性について十分に検討することが必要です。

また、これからは新しい橋を架けるだけでなく、現在ある橋をできるだけ長く使っていかなければならない時代に入っていきます。そこで重要視されるのが、橋の寿命を延ばすためのさまざまな技術です。

これら、橋に求められるさまざまな課題を実現していくのが「科学」です。ブルーバックスでは1991年に『橋のなんでも小事典』を刊行していますが、本書はそのときと同じ８人の執筆者が、今度は橋をより科学的に理解していただきたいとの願いから執筆したものです。人類が長い時間をかけて築き上げてきた「橋の科学」について、たくさんの写真や図を使ってなるべく具体的に解説しました。お読みいただければお気づきになると思いますが「橋の科学」とは、「力学」という分野の応用問題ともいえます。そういう観点からもご参考になるのではないかと思います。

一方で、橋の歴史は人類の知的活動の歴史でもありますから、科学的な面にとどまらず、文化的な側面（歴史や逸話など）についても、コラムの形でふれました。

中学生や高校生にも理解しやすい記述とするよう努めましたので、専門的にはやや説明が不十分なところもあるかもしれませんが、本書をお読みいただいたみなさんが橋を目にしたとき、これまでと少し違って見えるようになればうれしく思います。

土木学会関西支部は、本書の出版を創立80周年記念事業として企画しました。つくった施設のほとんどが地味で目立たない土木事業の中では、日常のくらしでもっともよく目に留まるものが橋です。読者のみなさんにとって本書が、橋への関心を深め、社会の共有財産である橋を大切に見守っていただくきっかけになれば望外の喜びです。

なお、同じ記念事業企画として、一昨年にはブルーバックスから『コンクリートなんでも小事典』が発刊されました。橋を形づくる主要な材料であるコンクリートについてわかりやすく、くわしく述べたものです。橋についてさらに理解を深めることのできる好著であると思いますので、あわせてご愛読いただきますようお願いいたします。

土木学会関西支部創立80周年記念事業実行委員会委員長
星野鐘雄

PART 2

橋をつくる

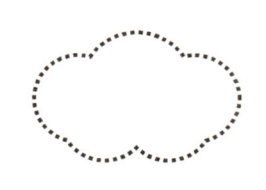

コラム

プロローグ　悪魔の橋

ヨーロッパには「悪魔の橋」と呼ばれる橋がいくつもあります。古いものでは2000年も前に、険しい谷などの難所に架けられたもので、いったいどのような工事をしたのか後世の人が見ても不思議でならないことから「悪魔が架けたに違いない」と伝えられているのです。

たとえばスイスのゴッタルド峠には、切り立った崖と、激しい川の流れを見ただけで足がすくむようなところに架けられた「悪魔の橋」があります。通行のあまりの困難さに、人々が悪魔に「橋を架けてください」と願い出たところ、悪魔は、橋を最初に渡った者の魂を差し出すという条件でこれに応じます。ところが橋ができあがると、人々はヤギを最初

ゴッタルド峠（スイス）の「悪魔の橋」に描かれた悪魔とヤギ

に渡らせたため、悪魔は約束違反だと怒って橋に岩を投げつけようとします。そのとき、ある老婆が岩に十字架を描くと、悪魔は力を失い、谷底へ消えていった、という話が残っています。

この橋のたもとの岩肌には、悪魔がヤギに襲いかかる様子が鮮やかなピンク色で描かれていて、通る者の目を楽しませてくれています。

切り立った崖に架かる「悪魔の橋」

橋にこうした伝説がつきものなのは、そもそも橋とは渡るのが危険な場所に架けられることが多く、ときには工事に多くの犠牲を伴ったからでしょう。日本にも、「人柱」の伝説が残っている橋がいくつかあります。川底の泥が深くていくら石を沈めても基礎工事がうまくいかないときに、水神の怒りを鎮めるため人間を生きたまま川底に埋めて生贄《いけにえ》としたところ、橋を架けることができた、といった悲話が伝えられています。

しかし、いうまでもないことですが、本当に悪魔や人柱のおかげで完成した橋などこの世にひとつもありません。

本州と四国を結ぶ明石海峡大橋

いまそこに橋が架かっているのは、その向こう側にどうしても渡りたいという人々の願いが、困難を克服する技術へと結びついたからです。ひとりだけでは非力な人間が、先人の知恵を継承し、発展させてきた結果なのです。日本には全長4000m近くに及ぶ世界最大の吊橋、明石海峡大橋があります。どうすれば海を越えてこのように巨大な橋が架けられるのか、考えてみれば不思議なことばかりですが、この橋を見て「悪魔が架けた」と思う人はいないでしょう。そこには人類が長い時間をかけて培ってきた「科学」の力があることを誰もが知っているからです。

では、その「橋の科学」とはいったいどのようなものなのでしょうか。人間業とは思えない仕事がなぜ可能になったのかを、これからご覧いただきましょう。

PART 1
橋を設計する

§1 「橋の科学」のはじまり

橋の起源

人類がいつごろから橋を架けるようになったのかは、記録が残っていませんので、想像するしかありません。

とはいえ最初の橋が、水に濡れたり流されたりせずに川を渡る目的で架けられたのはまちがいないでしょう。橋が架けられるまで、人類はいくつかの方法で川を渡ってきました。簡単なのは、流れの中の石の上を、飛び石のように伝い歩く方法です（写真１－１）。石と石の間が遠けれ

写真１－１　鴨川（京都府）の飛び石

図1－1　倒木を橋に利用

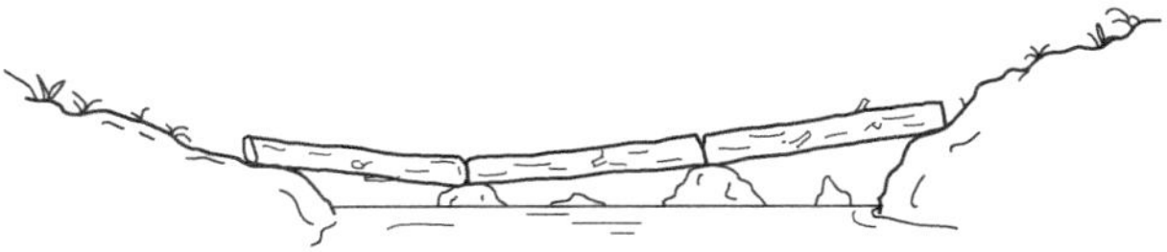

図1－2　石に木を渡す

ば、その間に新たに石を置くことも考えたでしょう。

しかし、この方法ではひとたび大雨が降ると、増水によって水位が上がり、石は水没してしまいます。水が引いても、そこにあったはずの石が流されてなくなることもあったでしょう。また、水深の深い川、川幅の広い川ではそもそもこの方法では無理でしょう。

最初の橋らしい橋は、図1－1のように、偶然、谷や川をまたいで倒れた木を利用した丸《まる》木《き》橋《ばし》のようなものと考えられます。さらに、そこから発展して図1－2のように、川幅の途中の大きな石に木を渡してつないでいけば、大きな川でも渡ることができるのを思いついたのでしょう。

そのほか深い谷を渡る場合などは、図1－3のように両側に木のつるを渡して、吊《つり》橋《はし》のようにして渡る方法も考えられました。いまでもアジアの奥地などでは、木のつるや

図１－３　谷を渡る吊橋

竹を利用した原始的な吊橋を見かけることがあります。

じつは、これら最初の橋の原理は、いまも変わることなく多くの橋に応用されています。石に木を渡していく橋は丸木橋や板橋《いたばし》、そして「桁橋《けたばし》」として、また、谷を渡る木のつるの橋は「吊橋」として、人類の技術の進歩とともに発展していきました。現在では橋の形はじつに多彩ですが、その基本はこれらの橋であることに変わりはありません。

木の橋、石の橋

よく日本は木の文化、ヨーロッパは石の文化といわれますが、橋についても同じことがいえます。

日本では、昔は木の橋が多く架けられました。川幅が大きいときは流れの中に木の柱（橋脚《きようきやく》）を立てて、そこに

図１－４　歌川広重「東海道五十三次」岡崎　矢矧《やはぎ》橋

木の桁を渡して桁橋を架けていました。歌川広重の描いた浮世絵「東海道五十三次」にもいくつか木の橋の絵が描かれています（図１－４）。

一方、ヨーロッパでは石の橋が多く架けられました。川幅が小さいときは、大きな板のような石を架けていました。川幅が大きいときは、大きな石を加工したり運んだりするのは難しいので、小さな石を組み立ててつくる「アーチ」という形式が工夫されました。これは小さな石をもたれ合わせて橋を架ける工夫で、『橋の文化史』（ベルト・ハインリッヒ編著）によると、原始的な石の橋は図１－５のようにアーチ橋に発展したといわれています。アーチ橋については§８でくわしく述べます。

橋を「科学」にしたガリレオ

17世紀の中世ヨーロッパで、橋の歴史を変える大きな出

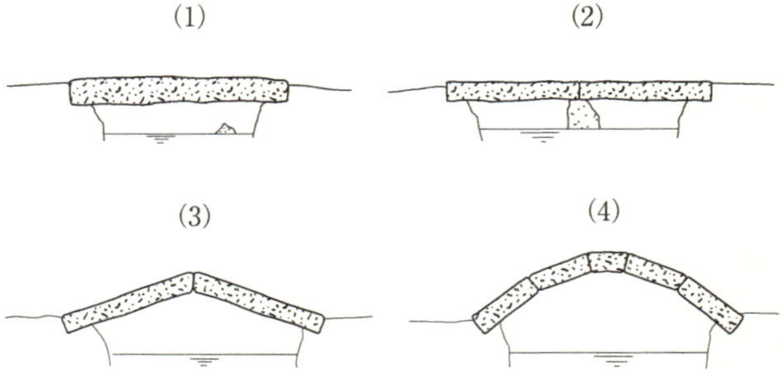

図１－５　アーチ橋が生まれるまで
（１）川を渡ることのできる大きな石で橋を架ける。
（２）川幅が広いときは川の中の石を台にして石の桁を架ける。
（３）川の中に石がないときは石をもたれ合わせて橋を架ける。
（４）さらに川幅が広いときはアーチの形に石を組んで橋を架ける。

来事がありました。それまでは、熟練した専門家の経験や感覚に頼っていた橋の設計を、ひとりの天才の科学的な実験が、**計算すれば誰でもできる**ように導いたのです。

その天才とは、あのガリレオ・ガリレイ（1564〜1642）です。ご存じのように天体の観測結果から地動説を唱え、重力の性質を明らかにし、振り子の等時性を発見するなど、科学的な観察・実験によって重要な自然法則を次々に明らかにしたガリレオは、橋においても偉大な成果をあげていたのです。

ガリレオは『新科学対話』（1638年）という著書の中で、世界で初めて「梁《はり》」について科学的に考察しました（梁は、橋における桁と同じものと考えてください）。それが図１－６です。

図の右、柱のようなものが横に突き出ているのは「張り出し梁」と呼ばれる梁です。ガリレオはその長さや断面積

図1－6　ガリレオが研究した「梁」の図（右）**と材料強度の計測方法**（左）（朝日選書『橋はなぜ落ちたのか』より）

の大きさと、梁の先端に吊すことのできる重さとの関係を明らかにしました。これが橋の桁を設計するために欠かせない構造力学のはじまりといえるでしょう。

図の左は、材料の強さを知るための方法です。強さを知りたい材料におもりをぶら下げていくと、どのくらいの重さで切れるかを計測する装置をガリレオは考案したのです。これも橋の材料を決めるために欠かせない方法となりました。

それまでは橋がどのくらいの重さに耐えられるかが正しく判断できなかったため、一部の熟練した技術者が過去の例を参考にしながら、経験や見た目の感覚で、桁の長さ、太さや材質を決めていたものと思われます。ガリレオの研究が基礎となって人類は、誰もが安全を確認できる橋の大きさや材料を計算できるようになりました。このときから、橋は「科学」になったといえるでしょう。日本ではまだ戦国時代の頃のことでした。

ただしガリレオの考えには、じつは誤りがありました。この通りに計算すると、橋が実際の３倍の力に耐えられるという結果が出てしまうのです。つまり実際には、計算結果の３分の１の力にしか耐えられないことになります。

それでも当時は、橋を渡るものの重さや、橋に使用する材料の強度がよくわからなかったので、橋は余裕を持って設計されていたため、架けた橋がすべて落ちてしまうことはありませんでした。ガリレオの誤りが判明したのは100年もあとのことでした。

計算式は誤っていたものの、橋を「科学」に変えたガリレオの功績が偉大であることに変わりはありません。

参考までに、ガリレオの考えをもとにした断面係数の式を示します。断面係数とは、「曲げ」の力に対する断面の強さの能力を表すものです。これらについては§５であらためてくわしく説明します。

$$W=\frac{bh^2}{2}$$

W：断面係数（単位：cm^3）

b：梁断面の幅

h：梁断面の高さ

また、のちに計算された正しい断面係数の式は以下の通りです。

$$W=\frac{bh^2}{6}$$

鉄の橋、コンクリートの橋

橋の設計方法についての研究とともに、材質についても科学的な解明が進みました。やがて木や石だけでなく、新たな材料が使われるようになりました。鉄やコンクリートなどです。

これらは木や石よりもはるかに強いため、より大規模な橋の設計が可能になりました。また、思い通りの形に加工できることから、さまざまな形の橋が設計できるようになりました。そのことがさらに橋の技術を進歩させ、バリエーションが飛躍的に広がりました。また、景観やデザインにも、気が配られるようになりました。

しかし、鉄やコンクリートでつくられた最先端の橋であっても、根底に息づいているのはガリレオがひらいた「橋の科学」なのです。

写真1－2　世界初の鉄の橋、イギリスのアイアンブリッジ（1779年完成）

§2

さまざまな橋

条件によって分かれる種類

では、現在の橋にはどのようなタイプがあるのかを見てみましょう。

桁橋、吊橋、アーチ橋など、人類の歴史とともに発展してきた橋は、そのときどきの条件に応じて、大きさ・形・材料が工夫されてきました。橋の形式を決める条件には、次のようなものがあります。

●架ける場所

河川、湖沼、海、渓谷、道路、鉄道、遺跡

●渡るもの

人、車、鉄道、水路、水道、電気、ガス、油送管

●使われる材料

木、石、レンガ、鉄、コンクリート、化学繊維などの新素材

これらの条件を総合して、その橋に合った大きさ・形・材料が決められます。このうち形については、さまざまなバリエーションがあります。

形式による分類

強く丈夫になるように、橋はさまざまな形が考えられています。橋の形のことを「形式」といい、それは大きく分

けて次のように分類できます。１つの橋に、これらのいくつかが組み合わされたものもあります。

橋の形式はおもに、その橋にどのような力がはたらくかによって決まります。橋をつくることは、「力学」の応用問題ともいえるのです。30〜34ページに、それぞれの形式の代表的な写真を掲げました。

●桁橋（写真②③④⑤）

橋のもっとも単純な形式です。とくに小規模な橋によく見られます。

●トラス橋（写真⑥⑦）

三角形の独特な性質を利用した橋で、一般的によく見られます。

●アーチ橋（写真⑧⑨⑩）

大昔からよくつくられてきた、アーチの性質を利用した橋です。材料には石、レンガなどが使われますが、現在では鉄（鋼）の橋もよく見ます。

●ラーメン橋（写真⑪⑫）

骨組みが交差するところを強くした橋です。

●吊橋（写真⑬⑭）

「吊る」という、じつは力学的に効率的な性質を利用した形式で、長大な橋を架けるのに最適です。

●斜《しや》張《ちよう》橋《きよう》（写真⑮）

吊橋に似ていますが、橋桁を塔から斜めに引っ張ったケーブルによって支えます。橋の架け方に特徴があります。

どの形式がどのような条件に適しているかは、あらためてくわしく解説します。ここでは、橋にもいろいろな形式があるのだなと思って写真を眺めてください。

写真①
板橋（石）
行者橋（京都府）
京都市内を流れる白川に架かる、風情のある橋。桁橋よりもさらに単純な形

写真②
桁橋（木）
蓬萊橋（静岡県）
ギネスブックにも登録されている世界一長い木橋（全長897.4m）

写真③
桁橋（鋼）
舞子歩道橋（兵庫県）
全国いたるところで見かけるが、これも立派な橋の仲間

写真④
桁橋（鋼）
五条大橋（兵庫県）
現在はこの形式の橋がもっとも多い

写真⑤
桁橋（コンクリート）
浜名大橋（静岡県）
世界でも有数のスパンの長さ(240m)を誇る

写真⑥
トラス橋（鋼）
JR大阪環状線淀川橋梁（大阪府）
すっきりした三角形が並ぶ代表的なトラス橋

写真⑦
トラス橋（鋼）
港大橋（大阪府）
世界第３位のスパンの長さ（510m）を誇る

写真⑧
アーチ橋（石）
眼鏡橋（長崎県）
水に映った姿が眼鏡のように見える

写真⑨
アーチ橋（コンクリート）
虎臥橋（兵庫県）
アーチが連続する姿が美しい

写真⑩
アーチ橋（鋼）
永代橋（東京都）
隅田川をまたぐ歴史ある橋。現在は優美な鉄のアーチ

写真⑪
ラーメン橋（鋼）
灘浜大橋(兵庫県)
部材の交差部をがっしりと強化した力強い姿のラーメン橋

写真⑫
ラーメン橋（コンクリート）
阪急電車の高架橋(大阪府)
日本各地の立体交差で活躍している

写真⑬
吊橋(植物のつる)
祖谷のかずら橋(徳島県)
観光名所として知られ、大切に守られている橋

写真⑭
吊橋(鋼)
明石海峡大橋(兵庫県)
科学の粋を集めた世界一の長大吊橋

写真⑮
斜張橋(コンクリート)
白屋橋(奈良県)
斜めに桁を吊った形が面白い典型的な斜張橋

§3 橋の基本的なしくみ

ご覧いただいたような橋のさまざまな形式をくわしく見ていく前に、まずは、すべての橋に共通する基本的な構造を知っておいてください。

上部工と下部工

橋は直接ものが載る**上《じょう》部《ぶ》工《こう》**と、それを下から支える**下《か》部《ぶ》工《こう》**に分けられます。

上部工は、桁などの橋本体です。

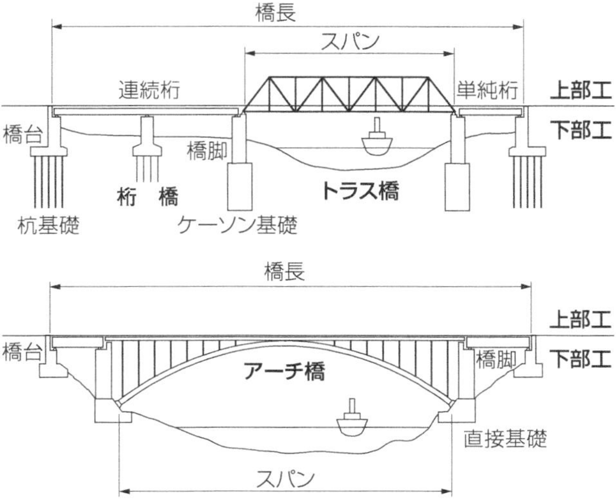

図3－1　橋の基本的な構造

下部工には、基礎・橋台・橋脚などがあります。

代表的な橋の構造を図３－１に示します。

「橋の科学」の基本は「梁の科学」

ごく簡単にいえば、橋とは橋脚（下部工）の上に床を支える桁（上部工）が載っかったものです。そして、桁の長さ（川幅の大きさなどによる）と、床やその上を通るものの重さ（人、自動車、鉄道など）とを考えて桁の強さをどう決めるかが、橋の科学のもっとも基本的な問題です。ガリレオがその計算式を最初につくったことは前に述べましたが、正確にいえばガリレオが求めたのは、橋の桁ではなく「梁」の強さの式でした。橋の桁も梁のひとつであり、梁の計算式が橋の桁の計算にも当てはまるということなのです。そこで、まず梁とはどのようなものかを確認してお

写真３－１　２階の床を支える大梁と小梁

図3－2　梁のモデル図

きましょう。

木造の家の多くは、柱と梁で組まれています。柱に大きな梁が架け渡され、さらに大きな梁に小さな梁が架け渡されています。写真3－1は、2階の床を下から見たところです。大梁に小梁が渡され、さらに床が張られています。

このように、2つの支点に架け渡して、その上のものを支える役目をするのが梁です。本棚の棚板も、洗濯物の物干し竿も、梁の役目をしています。私たちの周りには、小さな梁から大きな梁まで、無数の梁があります。私たちの暮らしは梁に支えられているといっても過言ではないでしょう（ただし、中にはものを支えるのではなく2つの材料をつなぐだけの「つなぎ梁」という梁もあります）。図3－2に、梁の構造を単純化した図を示します。

さて、橋の場合は設計のときには「梁」という言葉を使うこともありますが、一般的には梁のことを「桁」といいます。桁が主体の橋が「桁橋」で、橋の基本的な形とされています。

しかし、桁は桁橋だけにあるのではなく、アーチ橋や吊

写真３－２　コンクリートの桁橋を下から見上げた様子

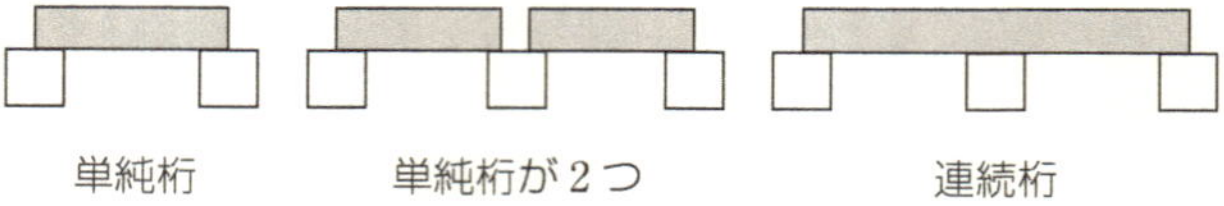

図３－３　単純桁と連続桁

橋などでも、人や自動車が通る部分は、床版《しょうばん》といって住宅の床のように梁で支えられています。これらの梁も、「縦桁」「横桁」などのように「桁」と呼びます。写真３－２はコンクリートの桁橋を下から見たところです。

単純桁と連続桁

桁橋には「単純桁」の橋と「連続桁」の橋があります。連続桁とは、図３－３のように、長い桁を３点以上で支えている場合をいいます。

単純桁は連続桁に比べると、計算が容易で工事が単純という利点があります。しかし連続桁は、つながっているので強さが増し、材料の節約ができること、つながっているので地震のときに落ちにくいこと、などの利点があります。後者の特長は阪神淡路大震災で確認されました。

また、連続桁の複雑な設計計算は、近年はコンピュータによって容易になりました。

代表的な橋の構造

§2の写真で見たように、橋にはさまざまな形式があります。代表的なものは次の通りです。

●桁橋　●トラス橋　●アーチ橋　●吊橋　●斜張橋

これらを組み合わせる場合もあります。それぞれの基本的な構造を、図3－4～3－8に示します。なお、ラーメン橋は桁と柱などの部材どうしの交差部を補強したもの（「剛《ごう》にする」という）ですが、桁橋に類似するので本書では説明を省きます。

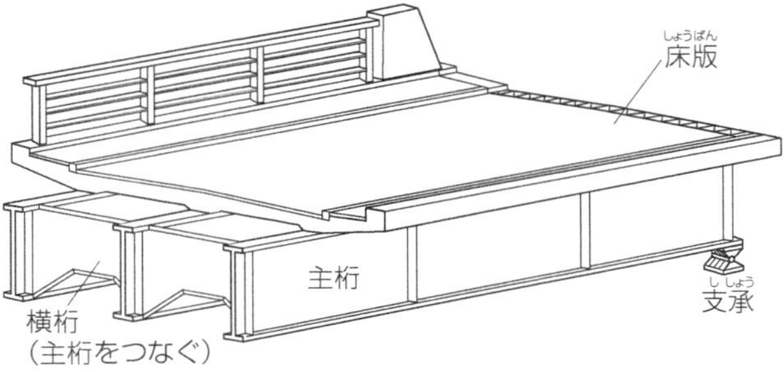

図3－4　桁橋

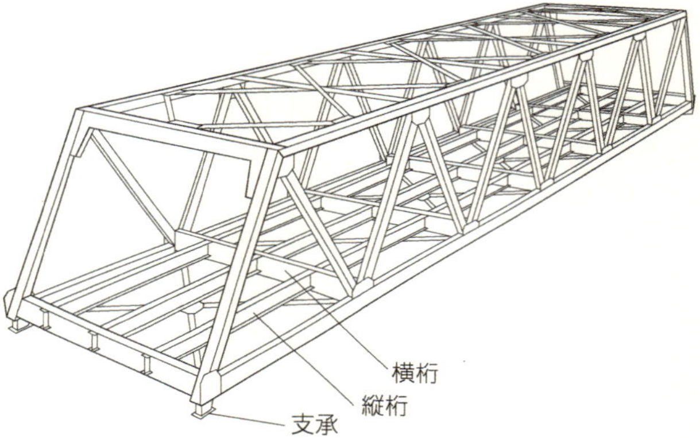

図３－５　トラス橋

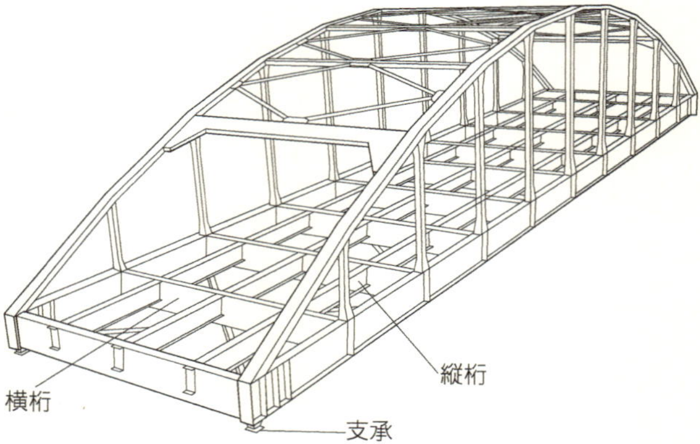

図３－６　アーチ橋

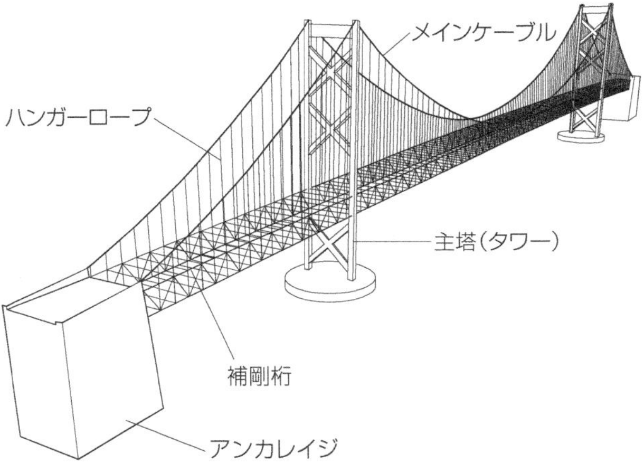

図3－7　吊橋

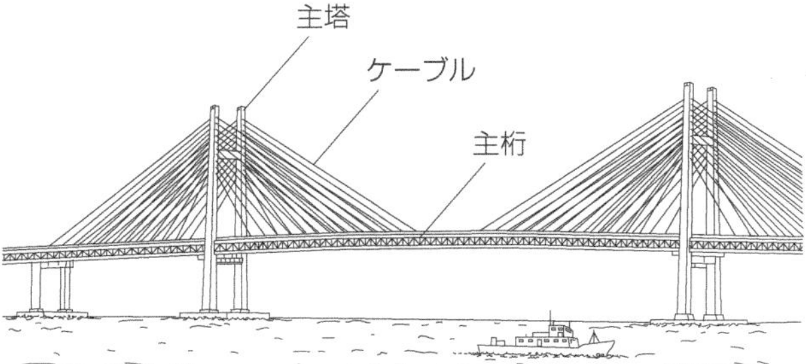

図3－8　斜張橋

表３－１　橋の設計を決める条件と、検討される項目

	橋の基本形式	構造各部	橋上施設
決定の条件	道路などの規格 地形などの自然条件 占用条件（川、海） 施工条件 経済（予算）的制約	地盤条件 地震、風などの設計条件 周辺の自然環境 周辺の施設の形態	橋の性格と形態 歴史的背景 近接構造物のデザイン 予算的制約
検討項目	自然条件の克服 周辺環境との調和 経済性 設計テーマの確立 橋梁群としての変化と調和	上下部工の構造的バランス 全体の視覚的バランス（連続感、安定感、適切な変化） 設計テーマの一貫性 経済性	快適な走行性 歩行者への配慮（親しみ、快適さ） 歴史性、地域性への配慮 光の演出

橋の計画はどう決まるか

橋を架ける計画を立てるときにポイントとなるのは、大きさ、形式、材料の３要素です。それらをどう組み合わせるかが、考えどころなのです。必ず事前にくわしい調査をして、得られたデータを参考に、その場所にふさわしい橋を計画し、設計します。具体的には表３－１のような項目を検討します。

まず地形や地盤の状態、橋下の土地の利用状況などを検討して、下部工の位置を決めます。これによって橋がまたぐ距離が決まります。橋を支える支点の間の距離を**スパン**

表３－２　それぞれの形式のスパンの範囲と最大スパン

橋の形式	スパンの範囲	最大スパン（日本）	最大スパン（世界）
桁橋	10～300m	250m	300m
アーチ橋	50～600m	305m	550m
トラス橋	50～600m	510m	549m
斜張橋	100～1000m	890m	1088m
吊橋	200～2000m	1991m	1991m

または**支間**《しかん》といいます。

短い橋ならば２つの支点で支えられるので、スパン長と橋の全長（橋台の間の距離）はほぼ同じになります。しかし長い橋では、その途中を橋脚で支えなくてはならず、その場合は橋台と橋脚、あるいは橋脚と橋脚の間の距離もスパンになります。このうち、もっとも距離の長いスパンを「最大スパン」といいます。通常は橋の中央のスパン長（**中央支間長**）が最大スパンとなります。

トラス橋にするか、吊橋にするか、といった上部工の形式は、おもに最大スパンの長さで決まります。形式によって、耐えられるスパンの長さが異なるからです。

これまでの実績をもとに、橋のスパンと形式の関係をまとめた表３－２を示します。

この表から、適用スパンの大きさを形式ごとに比べると①吊橋、②斜張橋、③トラス橋、④アーチ橋、⑤桁橋の順であることがわかります。ラーメン橋は桁橋と同程度と考えてよいでしょう。吊橋は日本の最大スパンが世界最大スパンになっていますが、これは明石海峡大橋のことです。各形式の最大級の橋を図３－９に示します。

それぞれの形式のくわしい特徴については、あらためて説明します。

なお、橋の規模を表わす基準には橋台から一方の橋台までの「全長」と、「最大スパン」の２通りがありますが、技術的な評価としては、一般に最大スパン（中央支間長）が用いられます。橋脚を連ねさえすればいくらでも延ばせる全長より、橋脚と橋脚の間をどれだけ延ばすことができるかが評価されるのです。

形式とともに検討されるのが材料です。現代の橋は、ほとんどが鉄とコンクリートでつくられています。鉄の橋は「鋼橋」と呼ばれ、信頼できる強い橋になります。コンクリートは安価で、便利な材料ですが「引っ張り力」と呼ばれる力に対して弱いという欠点があります。このため引っ張り力がかかる部分は鉄で補強されます。一方、鉄にはさびに弱いという欠点があります。コンクリートは鉄をさびないように保護する役目をします。こうした互いの欠点を補う材料として生みだされたのが、鉄筋コンクリートです。

橋はその目的に応じて、国や学会などが定めた設計の基準があります。やむをえず基準を超える場合は、現場実験や室内実験によって入念に安全性が確かめられます。

また、安全性だけでなく、見る人に心地よい印象を与えることも求められます。橋の形式を選ぶときには、その場にふさわしいデザインかどうかも大きなポイントになるのです。

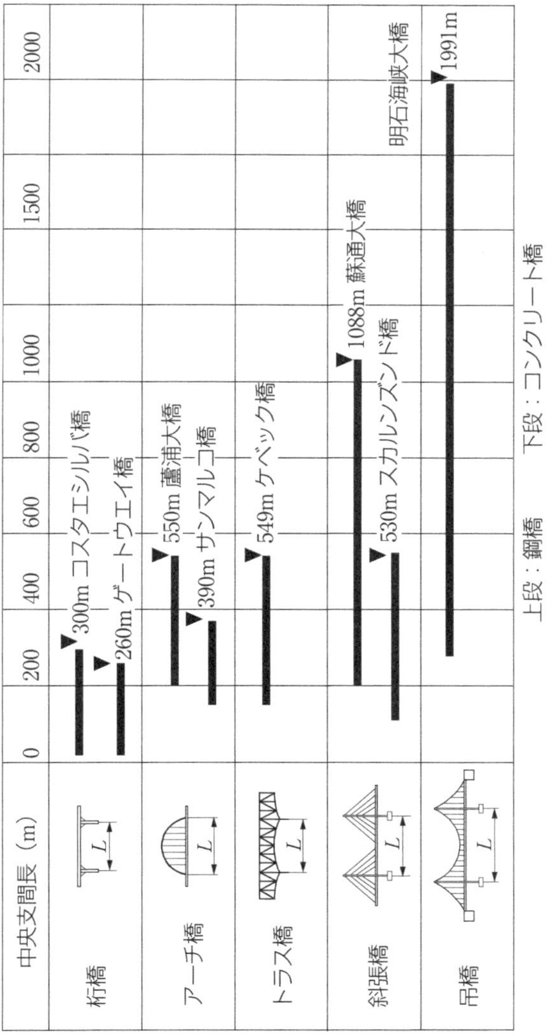

図3－9　各形式の最大級の橋（トラス橋、吊橋は一般的にコンクリートではつくらない）

コラム

八橋

下の写真は葛飾北斎の浮世絵ですが、旅人たちが渡っている橋が一直線ではなく、右へ左へと千鳥のように折れ曲がっているのが不思議です。これを「八橋《やつはし》」といいます。八つとは、数が多いという意味で、実際の板の数とは関係ありません。じつはこの八橋が、日本の橋の原型ともいえるのです。

日本の川は満水のときも渇水のときもあり、大変激しく変化します。川のそばに住んでいる人々は、川の「瀬《せ》」と「淵《ふち》」、すなわち浅い場所と深い場所がどこにあるかをよく知っていて、昔は渇水のときに瀬を伝い歩いて川を渡っていました。やがて橋を架けるようになってからも、この瀬を利用しました。浅瀬を選んでは杭を２本ずつ打ち、これに横木を渡し、その上に板を並べていくのです。浅瀬は一直線に並んでいるわけではないので、板もあちこちに曲がりくねることになります。これが八橋です。

葛飾北斎「諸国名橋奇覧」三河の八つ橋の古図（部分）

増水のときは橋板を外し、もし橋板が流されたら新しい橋板を置きます。川の流路が変われば、新たに浅瀬を見つけて杭を打ちます。決して自然に逆らわないこのような橋の架け方を「掛橋《かけはし》（懸橋・梯）」といいます。「カケハシ」は「カケル」と「ハシ」の合成語で、「カケル」には掛け渡すとか、仮につくった橋という意味があります。つまり永久橋に対する仮橋であり、そこには日本人の橋への根本的な考え方が表れています。八橋はその典型ともいえるのです。

愛知県知《ち》立《りゅう》市には「八橋」という町名がいまも残っています。平安時代に歌人の在原業平《ありわらのなりひら》が、川のほとりにみごとなかきつばたが咲いていたのを歌に詠んだことから、知立市の「八橋」は、かきつばたの名所になりました。ほかにも八橋は、かつては日本中に無数に存在していましたが、現在では、小石川後楽園（東京都）など限られた場所にその面影を残すばかりです。

小石川後楽園（東京）の八橋

§4

橋と力学

橋は力学でできている

43ページの表3－2から、橋の形式によってスパンが違ってくることがわかりました。吊橋や斜張橋のスパンは桁橋の10倍以上にもなりますから、かなりの差です。なぜそんな違いが生まれるのでしょうか？

それを理解するためにはまず、橋にはどのような力がかかっているのかを知らなくてはなりません。橋は人類が「力」というものについて考えつづけたひとつの答えでもあります。

図4－1は、橋に作用する代表的な力です。これらの力は、橋が支える荷物の重さであって、「荷《か》重《じゆう》」といいます。荷重にはこの図に描いたほかにも、風（風《ふう》荷《か》重《じゆう》）や温度によるものなど、さまざまな種類がありますが、それらについてはこの項の終わりに表にしてまとめました。

この荷重という力によって、橋はわずかですが曲がりま

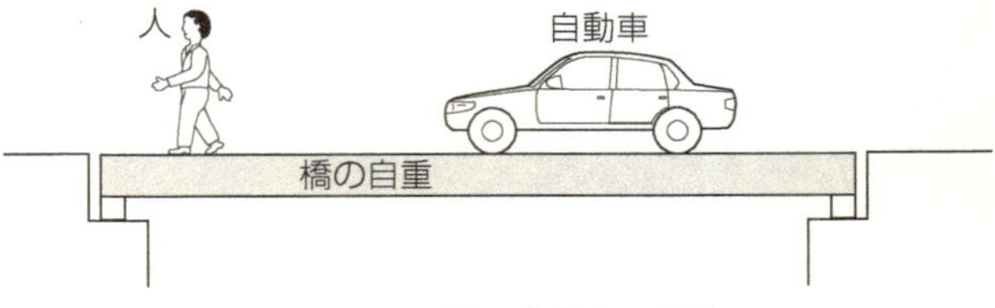

図4－1　橋に作用する荷重

す。そして、さらに荷重が大きくなって使用している材料の強さを超えると、橋は壊れてしまいます。

荷重に耐えて人や車などを安全に渡すために、力の大きさやはたらきなどを調べ、橋の大きさや形式、材料を決めます。その計算に必要なのが「力学」です。力学とは自然界における力の法則を明らかにして、誰もが同じルールで計算できるようにしたものです。橋はこの力学によって設計図を作成し、材料を組み立てて橋がつくられています。

細かくいえば、「橋の力学」は次のように分けられます。

●**構造力学**……橋のしくみ（構造）を計算する。

●**材料力学**……橋に使用する材料を計算する。

力学というと難しそうですが、じつは私たちは日々、力学の法則の中で暮らしています。力は目には見えませんが、少し注意してみると、身の回りのあちこちでさまざまな力がはたらいていることに気づきます。

あなたが座っているとき、あなたは椅子に力を加えています。歩いているときは、地面を蹴っています。物を運ぶときは、腕や腰に力を入れています。電車で立っているときは、両足を踏ん張っています。これらはみな、力学の考え方にのっとった動きです。風を頬に感じるのも、海で波に押し流されるのも、力学で説明できる現象です。

力の表し方

人類は力についてわかったことを、誰もが同じように言葉に表せるようルールをつくりました。力をその性質によって大きく３つに分けて、それを図４－２のように表すこ

とにしたのです。それは、
①大きさ　②向き（方向）　③作用点（力のはたらいているところ）

の３つです。言い換えれば、すべての力は、この３つが決まれば表すことができるわけです。

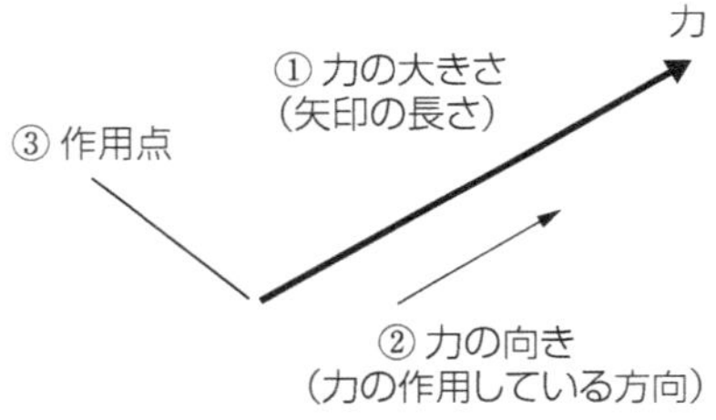

図４－２　力の３つの要素

反力と作用・反作用

ものが静止しているときも、ものには力がはたらいています。力学の言葉では、あらゆるものは静止しているとき「力がつりあっている」といいます。動いている電車の中でも、電車と、座席で静止している荷物との関係だけを見ると、力がつりあっています。

あるものに力が作用すると必ず、その力とは逆向きの力が生じます。これを「**反力**」（または「抗力」）といい、この法則を「**作用・反作用の法則**」といいます。作用する力と反力の大きさが同じだと、力を受けたものは動きません。力の大きさが違うと、力を受けたものは移動したり、壊れたりします。ものが静止しているのは、力を受けていないのではなく、受ける力と反力の大きさが「つりあって

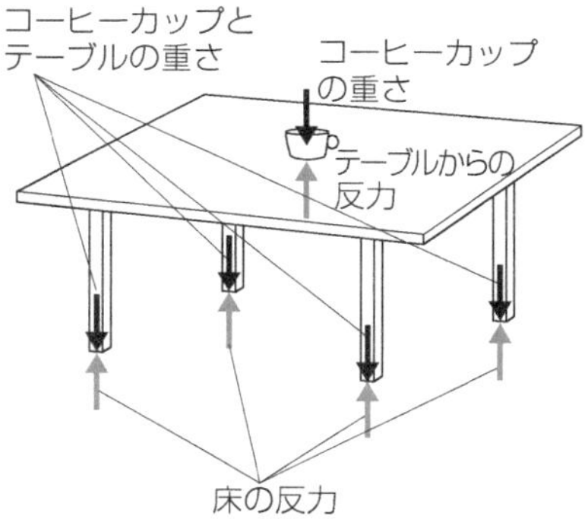

図4－3　コーヒーカップとテーブルの作用・反作用

いる」からです。

たとえば図4－3のコーヒーカップが静止しているのは、コーヒーカップの重さがテーブルに作用する力（荷重）と、テーブルがコーヒーカップを押し返す力（反力）がつりあっているからです。もしも反力のほうが弱いと、コーヒーカップはテーブルにめり込んでいくことになります。また、テーブルが床の上で静止しているのも、テーブルの荷重と床の反力がつりあっているからです。

このことは、橋についても同じようにいえます（図4－4）。縦方向の力の関係を見ると、橋の上を通る自動車の重さと、橋自身の重さの合計が、上部工から下部工に作用する力になります。この力と、下部工の反力がつりあっているために、橋は落ちたり壊れたりはしません。

また横方向の力を見ると、自動車は前に進んでいるときは、後ろ向きにかかる摩擦の力を利用しています。ところが、ブレーキをかけると、その反力として進行方向に制動

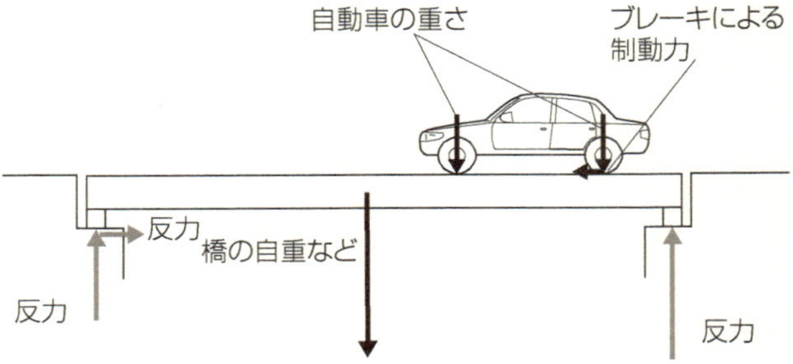

図４－４　橋の作用・反作用

力という大きな力が急にかかります。それでも橋が進行方向にずれたりしないのは、逆方向に橋からの反力がはたらいているからです。

力の足し算、引き算

力は、足すことや引くことができます。図４－５（A）、（B）のように、同じ方向に力がはたらく場合は足し算に、図４－６のように、反対の方向に力がはたらく場合は引き算になります。

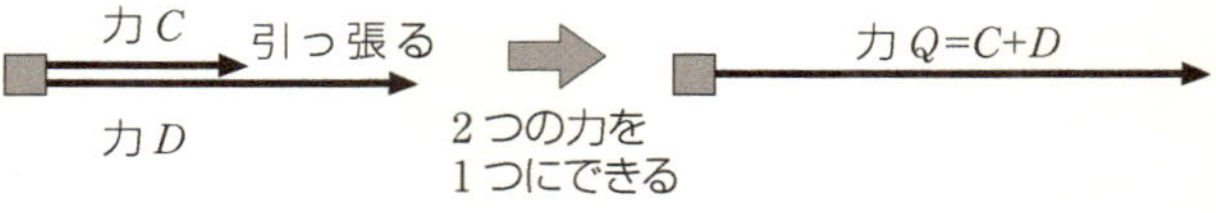

図４－５（A）　力の足し算（引っ張る場合）

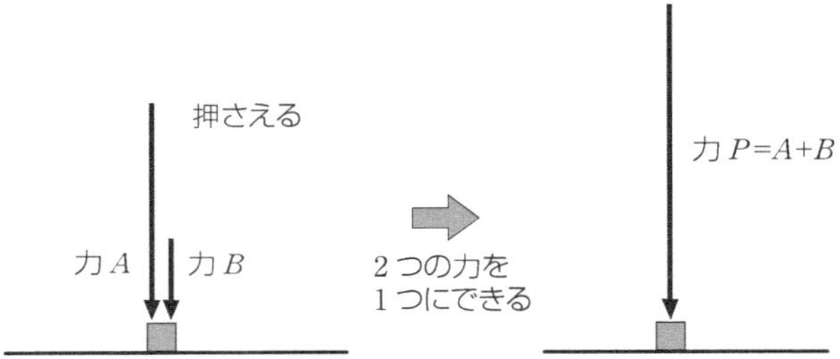

図４－５（B）　力の足し算（押す場合）

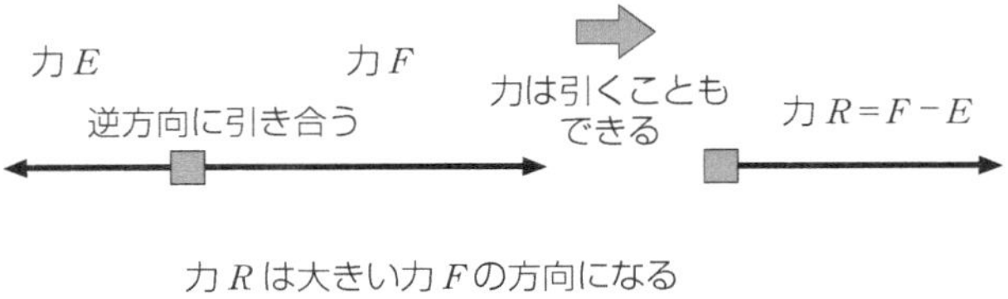

図４－６　力の引き算（引き合う場合）

力の合成、分解

　また、方向や大きさが異なる力をまとめることもできます。どういうことか、例をあげて説明します。

　校庭でタイヤを引っ張っています。１人で引っ張ると当然、タイヤは引っ張った方向に動きますが、２人が異なる方向に引っ張るとどうなるでしょう。その場合、タイヤはどちらか１人の方向に引っ張られるのではなく、どちらでもない別の方向に動きます。その方向は、図４－７のように平行四辺形を描けば知ることができます。矢印の向きが方向で、長さが力の大きさです。このように、２つの力が合わさることを「**力の合成**」といいます。２人の力が合成

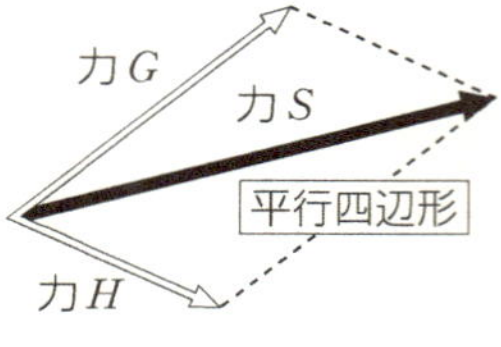

図４－７　力の合成

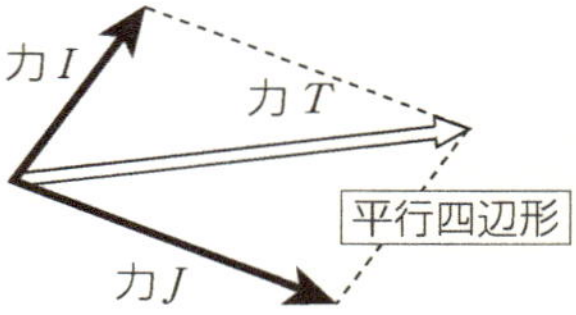

図４－８　力の分解

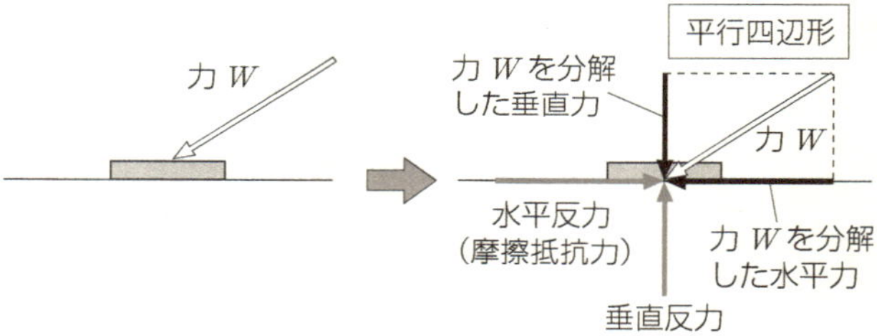

図４－９　テーブルの上の本を押すと……

されて、矢印の向きにはたらく１つの大きな力となったわけです。

合成とは反対に、１つの力をいくつかに分けることもできます。たとえば図４－８のように、力Tは力Iと力Jに分けることができます。これを「**力の分解**」といいます。力の合成と分解をあわせて、「**力の平行四辺形の法則**」といいます。

力の平行四辺形の法則を応用して、図４－９のようにテーブルの上の本を斜め方向に押すと、本はどうなるかを考えてみましょう。

押す力Wは、平行四辺形の法則によって、垂直方向にはたらく力と、水平方向にはたらく力の２つに分解できます。この場合、垂直方向の力は、テーブルからの反力とつりあっていると考えてよさそうです。一方、水平方向の力には摩擦抵抗力という反力がはたらきます。つまり水平方向にはたらく力が摩擦抵抗力より大きくなると、本は動くということがわかるわけです。

橋の設計も、このような力の原理にもとづいて考えられています。本書を読み進めながらみなさんも、それぞれの橋にどんな力が作用しているのか、あるいはどの部分にもっとも大きな力が作用しているのか、などと考えをめぐらせてみてください。

荷重のいろいろ

ここまでは話をわかりやすくするために、荷重を人や自動車の重さや橋自身の重さに限って考えてきましたが、実際には、橋にはほかにもさまざまな荷重がかかっています。橋は作用するすべての力を計算に入れて設計しなければなりません。想定外の大きな力が作用すると、橋は壊れてしまいます。

表４－１に、橋にかかると考えられる荷重の種類をあげました。専門用語では、橋自身の重さ（自重）を「死《し》荷《か》重《じゅう》」、自動車や列車などの移動する荷重を「活《かつ》荷《か》重《じゅう》」と呼んでいます。

表４－１　橋にかかる荷重の種類

死荷重（静止している荷重）	橋の自重、高欄、照明器具など
活荷重（移動する荷重）	自動車、列車、人
風荷重	台風などの風
雪荷重	積雪
衝撃	車の走行によって発生する力
温度変化	膨張あるは伸縮による力
地震	地震による力
制動荷重、遠心荷重	ブレーキによる制動荷重、カーブでの遠心荷重など
架設荷重	架設工事で作用する一時的な荷重
その他	水道の衝撃など特殊な荷重、地域特有の荷重

写真４－１　瀬戸大橋の列車走行試験　試験用の特別に重い列車を走らせると橋桁が大きくたわんだ

§5

曲げの力
「圧縮」と「引っ張り」

圧縮と引っ張り

§４で、橋にかかる荷重と、それに反発する力のつりあいが崩れると橋が壊れてしまうと述べました。しかし橋は決して、ある瞬間に粉々に砕け散ってしまうわけではありません。力が過剰にかかった部分から、徐々に形が変わっていくのです。その様子は橋の形や材質によって、ずいぶんと異なります。どのような条件のとき、どのように橋の形が変わるのかを知ることも、橋の設計には欠かせない力

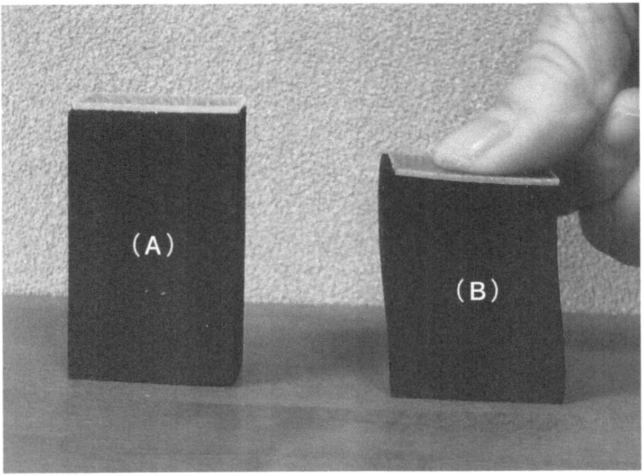

写真５－１　圧縮　（A）を押すと（B）のように縮む

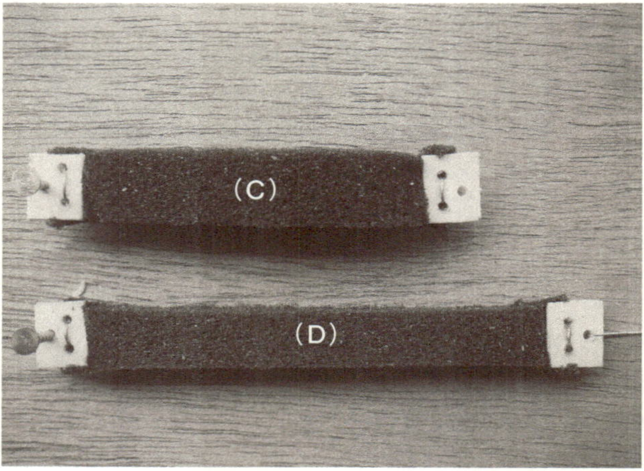

写真５－２　引っ張り　（C）を引っ張ると（D）のように伸びる

学です。

一般に、ものは押すと縮み、引っ張ると伸びます。この「形が変わること」を文字通り「変形」といいます。ゴムやばねであれば、その様子がよくわかりますが、鉄やコンクリートなどは大きな力を加えても、その変形の量は目に見えるほど大きくはありません。しかし実際には鉄やコンクリートも、押せばわずかに縮み、引っ張れば伸びているのです。

写真５－１のように、同じ大きさのウレタンフォームを用意して、一方を指で押してみます。（B）がそれで、目に見えて縮んでいます。このことを「**圧縮**」といいます。また写真５－２は同様に同じ長さのウレタンフォームを用意して、一方を引っ張ったものです。（D）がそれで、伸

びて細くなっています。このことを「**引っ張り**」といいます。

「曲げ」の力

圧縮と引っ張りによってものが変形することがわかりました。では橋の桁の場合、どのようなときにこれらの力がかかるのでしょうか。

それを知るために、今度は消しゴムを使って見ていきます。

写真５－３のように、消しゴムの側面に等間隔に線を書き込み、その消しゴムを写真５－４のように曲げてみます。このとき、消しゴムの線の変化を見ると、内側は線の

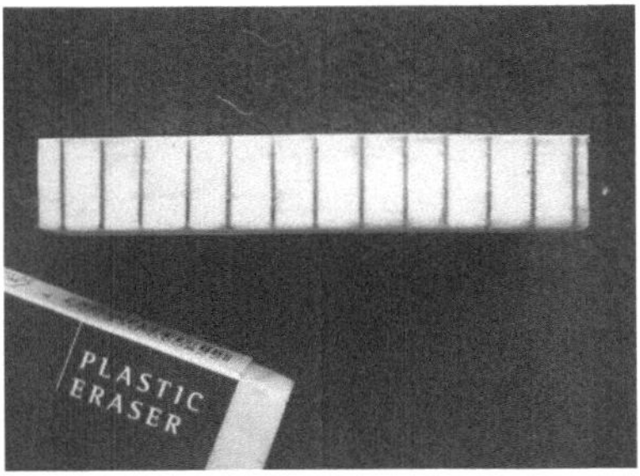

写真５－３　消しゴムに線を入れる

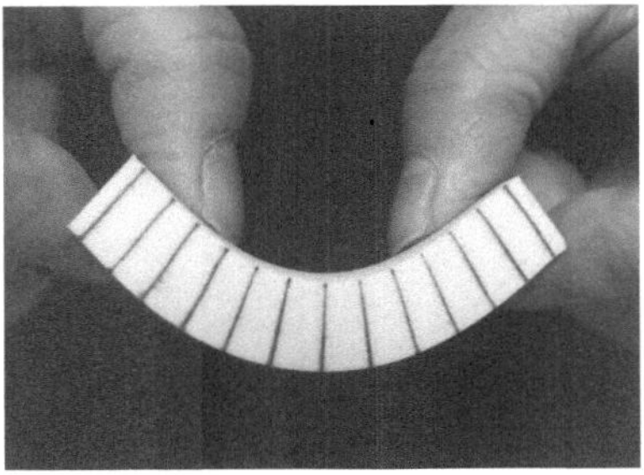

写真５－４　線を入れた消しゴムを曲げる

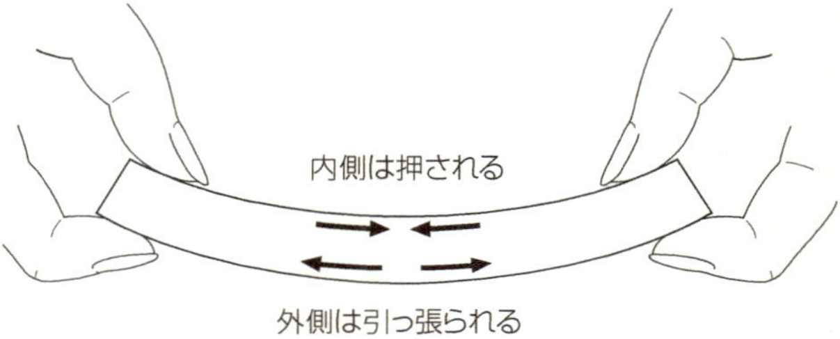

図５－１　「曲げ」によって「圧縮」と「引っ張り」が同時に起きる

間隔が縮んで、外側は伸びていることがわかります。

このことから、消しゴムを曲げると内側に圧縮の力が作用し、外側に引っ張りの力が作用することがわかります。つまり、ものが曲がると、圧縮と引っ張りの現象が同時に起きるのです（図５－１）。橋の場合も、曲がることによって内側に圧縮の、外側に引っ張りの力がかかるわけです。これを**「曲げ」の力**といいます。なお、このように橋が曲がることを「たわむ」ともいいます。

圧縮や引っ張りに対する強さは、材料によって違います。石の場合、圧縮に強くて引っ張りには弱いことがわかっています。写真５－５は、皮をむいたバナナと、皮のついたバナナをそれぞれ曲げたものです。この写真からはバナナのどんな性質がわかるでしょうか。

曲げの力がはたらくと内側が圧縮、外側が引っ張りの力を受けるのでした。皮のないバナナは外側で切れているので、引っ張りの力に弱いことがわかります。ところが皮は引っ張りに強く圧縮に弱いので、皮のついているバナナでは、逆に内側がつぶれているのです。このように材料を曲

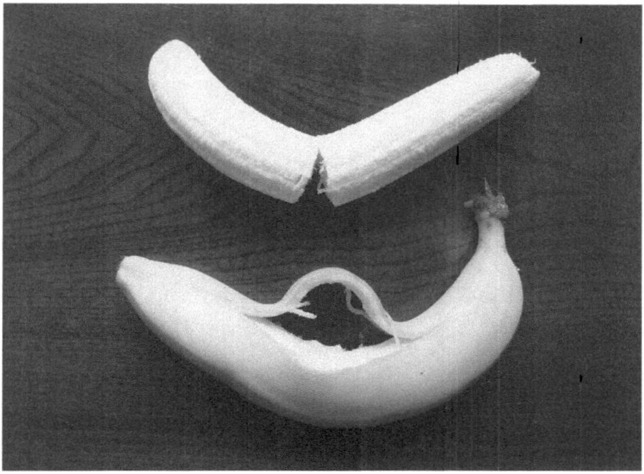

写真5－5　バナナを曲げてみると

げてみると、圧縮と引っ張りに対する強さがわかります（さまざまな材料の強さについては74ページの表にまとめました）。

力の種類には、圧縮、引っ張りのほかに、切る力、ねじる力などがありますが、ほとんどは圧縮の力と引っ張りの力で説明できます。曲げるとその両方が同時に起きるので、橋の設計では「曲げ」の力について計算することが多いのです。

断面の不思議──断面係数

「曲げ」の力には、写真5－6のように不思議なことがあります。同じ四角の木の棒に、同じ重さのおもりをぶら下げたにもかかわらず、曲がり方が違っています。これはな

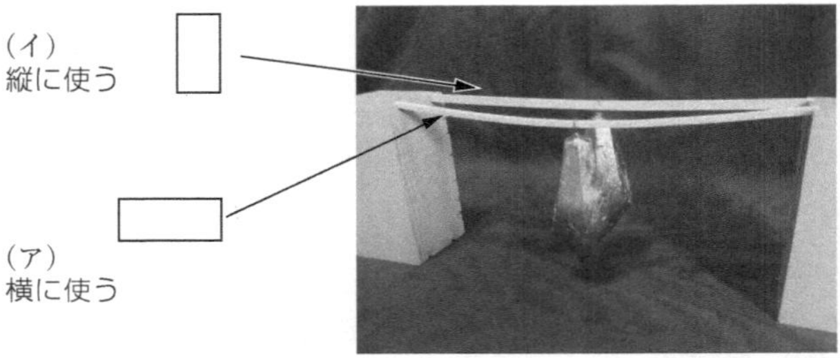

写真5－6　木の棒を（ア）横長に使った場合と（イ）縦長に使った場合の違い

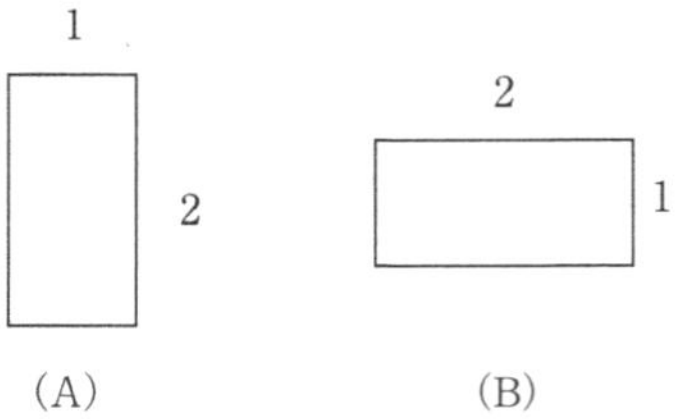

（参考）

長方形の断面係数の計算式

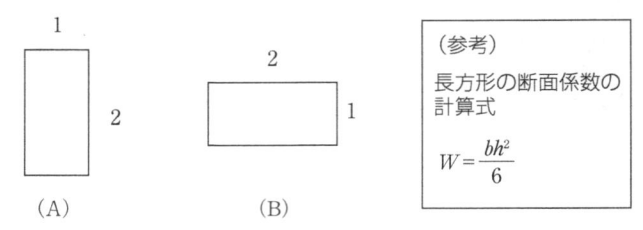

$$W=\frac{bh^2}{6}$$

図5－2　縦長と横長の強さの違い

ぜでしょう。

曲がり方が大きいのは、木の棒を断面が横長になるように使ったとき（ア）です。断面が縦長になるように使うと（イ）、木の棒はほとんど曲がっていません。このことから、曲げに対しては、材料の断面を縦長に使うほうがより強いということがわかります。

だから２階の床を支える梁や橋の桁などは、材料を縦長にして使っているのです。

縦長が横長よりどのくらい曲げに対して強いかは、計算で知ることができます。たとえば、断面の横（b）と縦（h）の長さの比が１：２の材料で、断面の曲げに対する

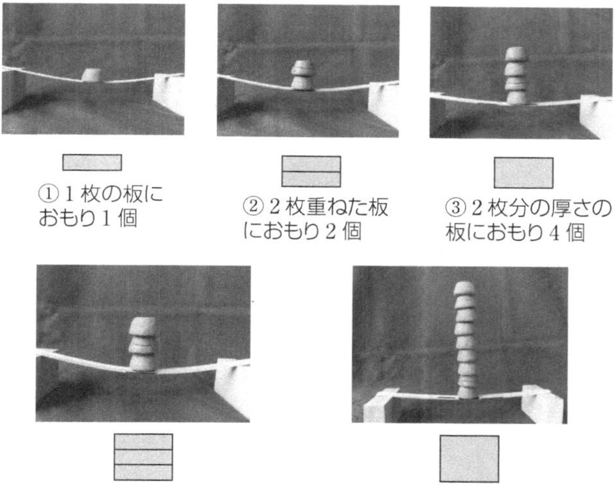

①1枚の板におもり1個
②2枚重ねた板におもり2個
③2枚分の厚さの板におもり4個
④3枚重ねた板におもり3個
⑤3枚分の厚さの板にはおもりが9個も載る

写真5－7　断面係数の不思議な性質

強さを計算してみます。図5－2の（A）と（B）を比較すると、（参考）の計算式により（A）は（B）の2倍も大きな力に耐える能力があることがわかります。なお、断面の曲げに対する抵抗は**断面係数**という数字で表します。

断面係数からは、断面についての次のような面白い性質も知ることができます。

写真5－7を見てください。①の1枚の板は、おもりを1個だけ載せることができます。この板を2枚重ねれば（重ねるだけで接着はしない）、2個までおもりを載せられるようになります（②）。ところが、2枚の板を重ねたのと同じ厚さの1枚の板には、おもりを4個も載せられるの

です（③）。同様に、３枚重ねるとおもりを３個載せられる板なら（④）、その板３枚の厚さと同じ厚さの１枚の板には、なんと９個のおもりを載せることができるのです（⑤）。

これらの板の断面係数を計算してみると、写真の結果と一致します。断面係数はさまざまな材料、形に当てはめることができ、橋の設計においては重要な公式のひとつです。

曲げモーメント

橋にはたらく曲げの力を見ると、車や人などが橋の中央に近づくほど、曲がりが大きくなることがわかります。これは、中央に近いほど曲げの力が大きくなるからです。その様子は写真５－８から知ることができます。

この曲げの力のことを「**曲げモーメント**」といいます。曲げモーメントは、力×長さで求められます。長さとは支点からその荷重までの距離のことです。

簡単な例で曲げモーメントを計算してみましょう。図５－３のように、長さが４ｍの梁の中央に、垂直方向に100kgの力が作用すると、両端の支点の反力は、それぞれ50kgとなります。このとき、中央ｂ点での曲げモーメントは、次のようになります。

力（支点にかかる荷重）＝50kg

長さ（支点までの距離）＝２ｍ

だから曲げモーメントは力×長さ＝50×２＝100kg・ｍ

次に図５－４の飛び込み台のような梁の計算を示します。梁にはこのように片側にしか支点がないものもあり

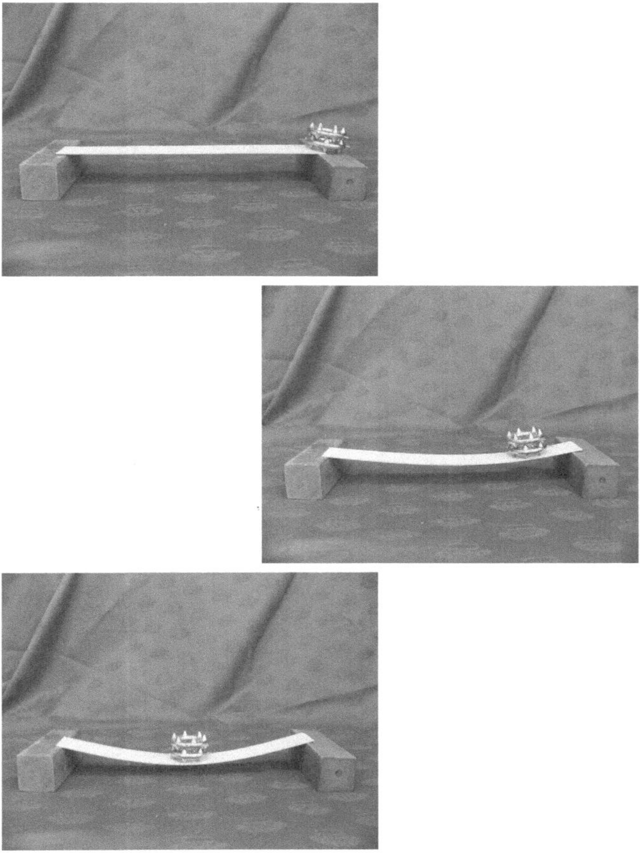

写真５－８　中央に近いほど曲げモーメントが大きくなって曲がりが大きくなる

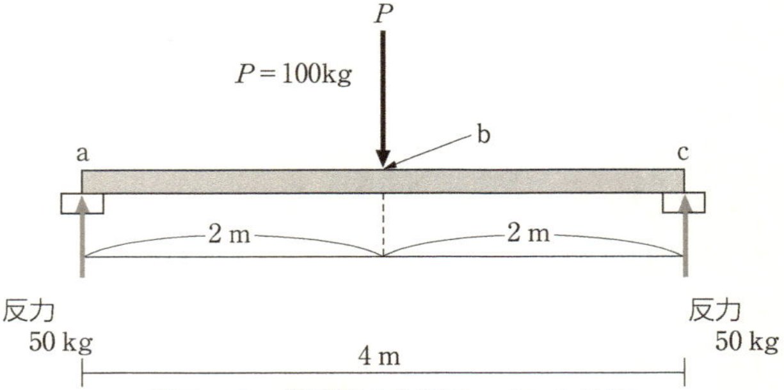

図５－３　単純梁の曲げモーメントの例

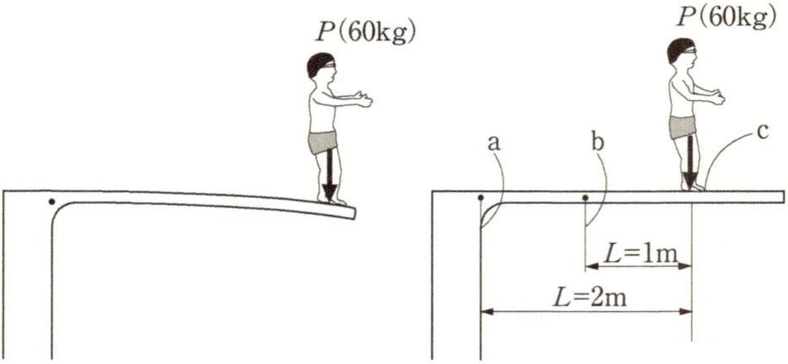

図５－４　片持ち梁の曲げモーメントの例

「片持ち梁」と呼ばれています。この場合も曲げモーメントは力×長さで計算できます。図５－４のａ点の曲げモーメントは、

$P \times L = 60 \times 2 = 120$（kg・m）です。

また、図５－４のｂ点の曲げモーメントは、

$P \times L = 60 \times 1 = 60$（kg・m）です。

端のほうにいくほどLが大きくなるので、ａ点の曲げモーメントは大きくなり、曲がり方も大きくなります。オリンピックなどで飛び込み競技を見ていると気がつきます

写真5－9　グランドキャニオンのスカイウォーク

が、選手は飛び込みの瞬間、板の最先端で踏み切りをします。このときがもっとも大きな曲げの力が加わるからです。

断面係数や曲げモーメントは、橋の大きさや材料を決定するうえで不可欠な要素です。

なお、片持ち梁の実例として面白いものに、アメリカのグランドキャニオンにつくられた展望橋「スカイウォーク」があります（写真5－9）。これは地上1200mの崖の上に、先端までの長さが約21mのU字型の片持ち梁を架設したもので、なんと透明の強化ガラス製です。写真を見ていると落ちないだろうかと不安になりますが、ちゃんと図5－4のような計算のもとにつくられています。

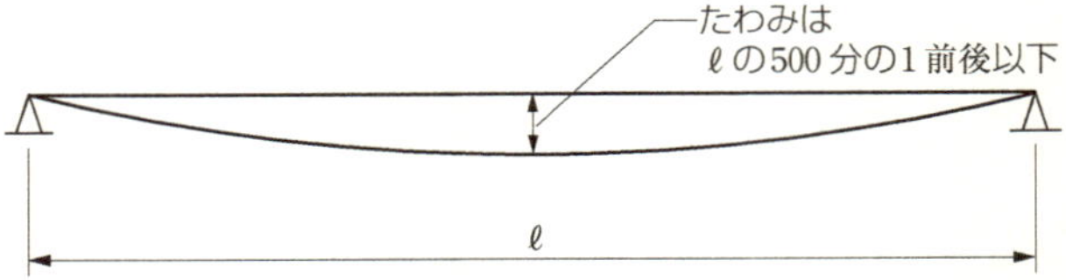

図5－5　「たわみ」の量の基準

橋のたわみ

橋が壊れるほどではなくても、曲げによる変形が大きいと、大きく揺れて渡りにくいし、危険です。かといって、変形を少なくするため無制限に強くつくれば莫大な費用がかかるうえに、橋が大きくなって場所をとります。そこで、安全と経済性のバランスを考え、曲げによる変形は一定の量を超えないように基準が設けられています。

これを「**たわみ**」の量といい、一般的な橋では橋の長さの500分の1前後以下になるように決められています。たとえば長さ30mの橋であれば、たわみは6cm以下ということになります。この値は、道路橋であれば自動車のみが載ったときのたわみで、地震や暴風、あるいは温度変化などを考慮した場合はこの値を超えることもあります。コンクリートの橋でも揺れるのは、橋がたわむからなのです(114ページ「『たわみ』と『製作反《そ》り』」参照)。

§6

材料の力学

応力と強度

§５で、橋の設計には断面係数と曲げモーメントの計算が必要なことを述べました。この話には、もう少し続きがあります。

空気に力を加えて圧縮すると縮みます。すると縮んだ空気は、元に戻ろうとする反力としての圧力を持ちます（図６－１）。加えた力が大きいほど空気は縮み、圧力は増し

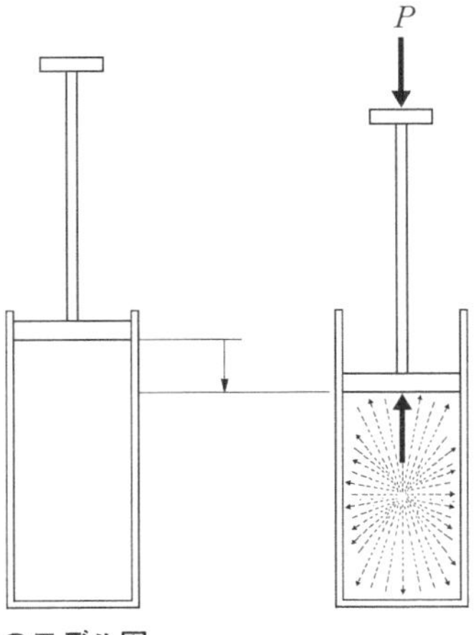

図６－１　応力のモデル図
力*P*が大きいほど空気が縮み、それに比例して*P*の反力（空気の圧力）が大きくなる

ます。だから加えた力の大きさがわかれば、空気が縮む量（変形量）や、空気が持つ圧力を知ることができます。逆に、空気が縮んだ量がわかれば、加えた力の大きさや、空気の圧力を知ることができます。

これは空気に限ったことではなく、石も、木も鉄も、圧縮すると圧力を持ちます。これら材料の内部で生じる圧力のことを「**内部応力**」、略して「**応力**」といいます。

応力は、材料を引っ張った場合にも生じます。そのときは逆に縮もうとする力になります。

材料の応力には、その材料固有の限界があります。圧縮力、あるいは引っ張り力が大きくなり、その材料固有の応力を超えると、材料はつぶれたり切れたりします。この限界のことを材料の「**強度**」といいます。強度を知らなければ、橋を設計することはできません。

つまり橋の設計においては、断面係数や曲げモーメントによって橋にかかる力を計算し（構造力学）、それに見合った強度の材料を選択する（材料力学）ことが求められているのです。代表的な橋の材料の強度についてはこの項の最後にまとめました。

さまざまな変形

力が加わると、材料は伸縮します。このときの変形の大きさや壊れる過程にも、材料によってさまざまな特徴があり、それらを知ることも橋の設計では重要なことです。

写真６－１は木の箸の両端を持って曲げている様子です。

（X）は軽く曲げたあとで力を抜いたら、元通りになった

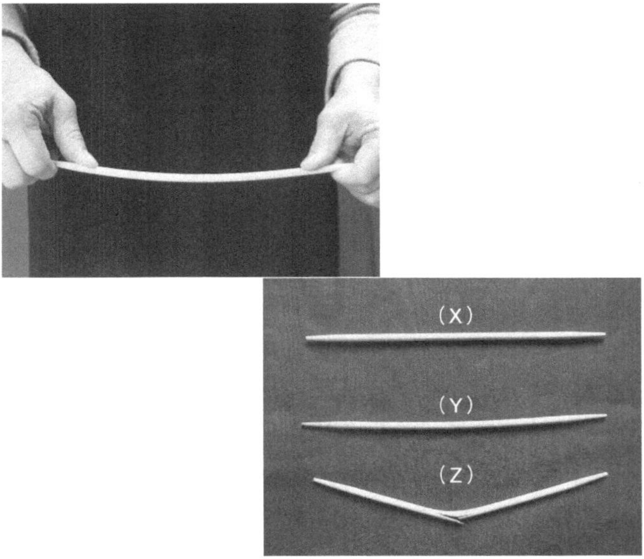

写真6－1　箸を曲げた様子（上）**と「曲げ」の各段階**（下）

様子です。

（Y）は折れない程度に大きく曲げてから手を離したものです。元のようには戻らず少し曲がっています。

（Z）は力を入れて折ったものです。耐えられる力（強度）の限界を超えて、折れてしまいました。

橋に使用する木や鉄やコンクリートでも、ほぼ同じ現象が起きます。そこで（X）のように力を加えても元に戻る限界はどこまでかを計算し、さらに余裕（安全率）を見て、使用する材料の設計をします。元に戻る限界までの領域を「弾性限度」といいます。

図６－２　鉄に加えられた力と変形の関係

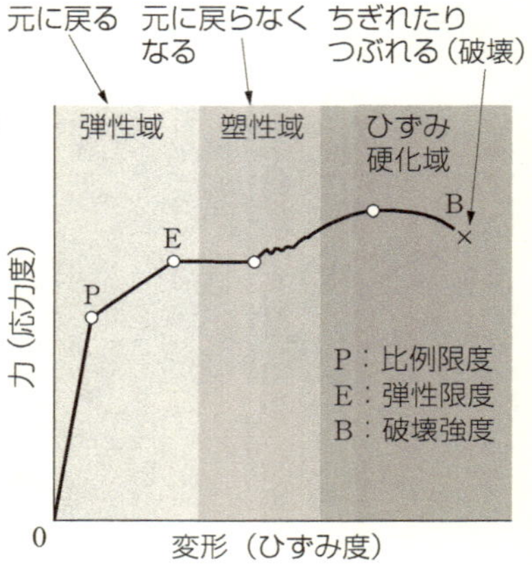

この性質をわかりやすく示す材料のひとつは鉄です。鉄に加えられた力と変形の関係は図６－２のようになります。

図の０からＰ（比例限度）までは、力に比例して、伸びたり縮んだりする領域です。力をなくすと元に戻ります。加えた力の大きさに比例して伸びの量が変化することを発見してばねばかりを発明したのがロバート・フックです。この図でいえば０とＰの間が「フックの法則」が成り立つ範囲です。ばねやゴムのように変形が目に見えて大きいものを「弾性が大きい」とか「弾性体である」といいます。

しかし、どんどん引っ張り続けてＥ（弾性限度）を超えると、弾性は失われて元に戻りにくくなり、やがてＢ（破壊強度）でちぎれます。

鉄と比べると、たとえば鉛は同じ金属でも力を加えると元に戻らずどんどん変形するので橋の材料にはなりません。

金属を引っ張ったときの内部を電子顕微鏡で見た写真を

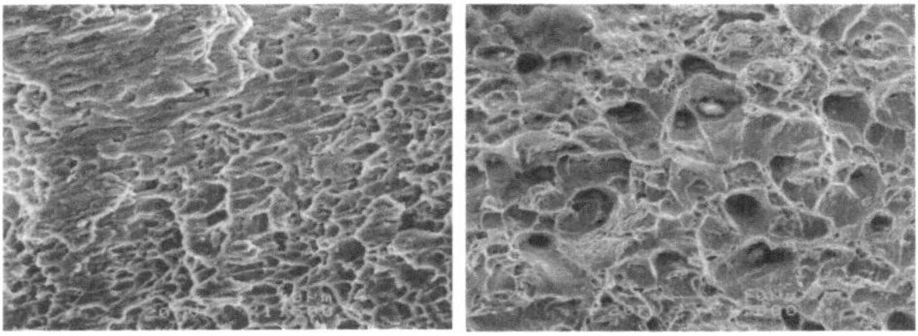

引っ張ったあと　　　　引っ張る前

写真6－2　金属を引っ張ったときの内部の様子

示します（写真6－2）。金属の内部で材料が伸びていることがわかります。

橋の代表的な材料の強度

材料の強度は、どんな材料でも同じように比べることができるように、単位面積1 cm^2あたりとか、1 mm^2あたりの「耐えられる力の大きさ」で表します。たとえば鉄は次のように表します。

鉄（普通鋼）の強度＝4000kg/cm^2

これは1 cm^2あたり4000kgまでの力に耐えられるという意味です（力学では力の大きさの単位はN〔ニュートン〕を使います。また、力としてのkgはkgfと表現しますが、ここでは日常使われるkgで表現しました）。

表6－1に、おもな材料の平均的な強度を示します。同じ木でも、桐と樫では強さが違います。とくに節があったり腐っていたりしたら、木の強度は極端に小さくなります。

鉄の場合は、混じる炭素の割合によって鉄（0.04％以

表6－1　おもな材料の平均的な強度（kg/cm^2）

材料	圧縮強度	引っ張り強度
木	500	500
石	800	50
コンクリート	400	30
鉄（普通鋼）	4,000	4,000
ピアノ線	—	18,000

下)、鋼（0.04～2.1％)、鋳鉄（2.1～6.7％）に区別されます。炭素が多いほど硬く、強く、脆《もろ》くなり、少ないほど柔らかく、粘り強くなります。橋には鋼が多用されますが、炭素や他の金属を含む量、製造方法によって性質は異なります。橋などの身近に用いられる鋼を「普通鋼」といいます。

近年は他の金属の含有量、製造方法によって、普通鋼より強い鋼も使われるようになり（高張力鋼)、なかには引っ張り力が普通鋼の２倍近いものもあります。また、吊橋のケーブルなどに用いられる「ピアノ線」と呼ばれる鋼線は、「冷間引き抜き」という製造方法で生産され、普通鋼の４倍の引っ張り強さを持っています。さらに明石海峡大橋のケーブルは、他の金属を加えて4.5倍にまで強度が上がりました。

図６－３は、おもな材料の強度の比をグラフにしたものです。ここでは木の引っ張り強度を１としています。表とグラフから、圧縮、引っ張りに対してともに信頼できるのは、鉄であることがわかります。

明石海峡大橋の上部工にもコンクリートは使われず、すべて強くて安定している鉄でできています。

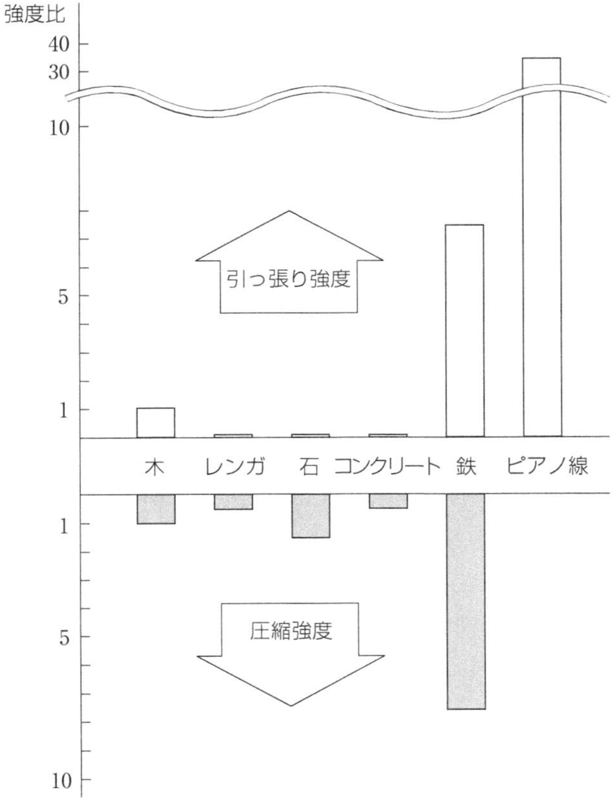

図6－3　おもな材料の強度比較　（木を1とする）

§7 トラス橋
三角形の合理性をフル活用

橋の基本的な力学については説明しましたので、次はそれぞれの橋の形式をくわしく見ていきましょう。

もう一度おさらいをしておきますと、橋のおもな形式は次の通りです。

●桁橋　●トラス橋　●アーチ橋　●吊橋　●斜張橋

このうち橋の基本となる桁橋についてはこれまでの説明で十分でしょうから、まずトラス橋について、くわしく見ていきましょう。

三角形は強い！

ひとことでいえばトラス橋とは、三角形の持つ独特の性質を利用した橋です。

図７－１を見てください。わりばしなどの棒を、ゴムバンドでしっかり留めたところです。（A）と（B）を比べたとき、強い形はどちらだと思いますか？

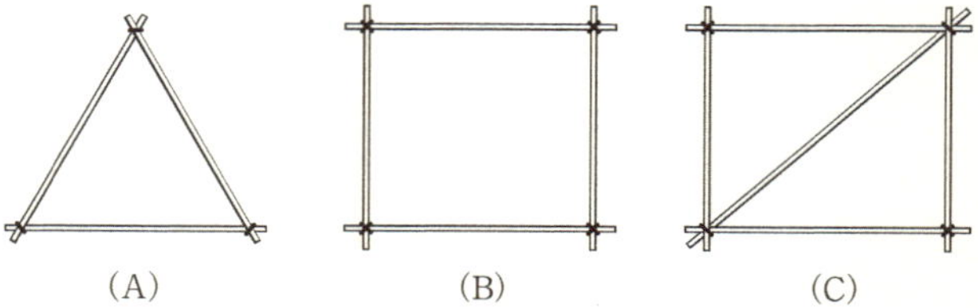

図７－１　三角形と四角形、どちらが強い？

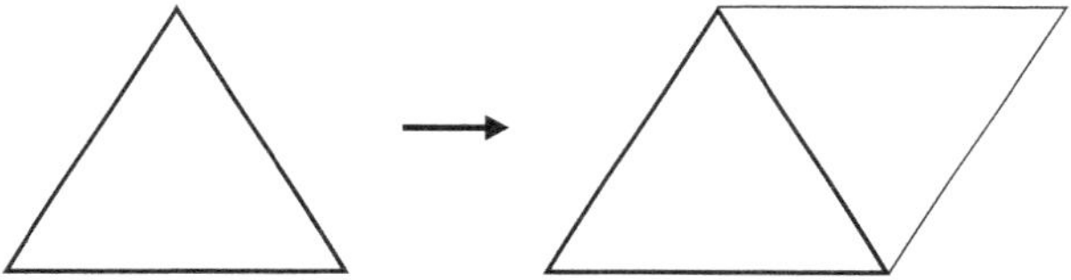

図7－2　どんどんふやせる三角形

棒を４本使っている（B）のほうが強そうな気もしますが、じつは３本だけの（A）のほうが強いのです。（B）は、２ヵ所の対角点を同時に持って引っ張ったり縮めたりすると、グラグラして四角形の形が変わります。ところが、（A）は押しても引いてもびくともせず、三角形の形は変わりません。

このような三角形の強さを利用した構造を「トラス」といいます。（A）のようなシンプルな三角形を、トラスの力学では「基本三角形トラス」と呼んでいるのです。

ただし四角形のほうも、図７－１の（C）のように、斜めに棒を１本追加すると、とたんに頑丈になります。これも「三角形が２つできた」からなのです。

図７－２のように棒を追加していくことで、次々と安定した三角形の構造をふやしていくことができます。これがトラス橋のしくみです。

トラス構造を丈夫なものにしている最大の理由は、材料に曲げの力がほとんどといっていいほどかからないことです。そのため材料にかかる力としては、引っ張り力あるいは圧縮力だけとなります。曲げの力を考えない分、計算が単純化されるのもトラス橋の利点です。ただし、トラスには細い部材が使われるので、座屈《ざくつ》（バックリング）といっ

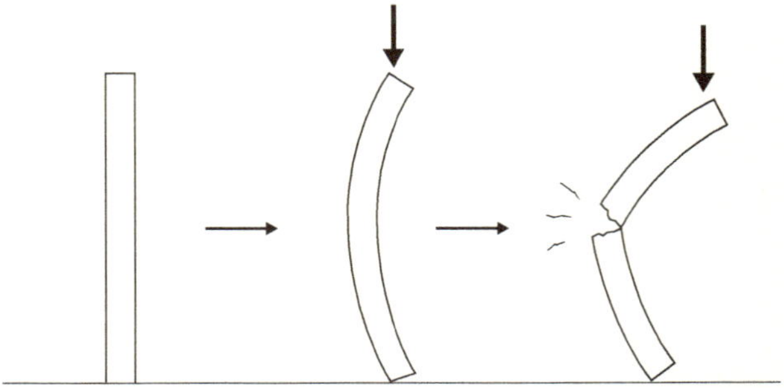

図7－3　座屈　細長い部材は大きな圧縮力がかかると曲がって極端に弱くなり、さらに力が加わると折れたりつぶれたりする

て三角形の上部からの圧縮の力が強くかかると、つぶれやすいという欠点もあります（図7－3）。

さまざまなトラス

トラス形式は気をつけていれば身の回りのあちこちで目にすることができます。送電線の鉄塔も、東京タワー（写真7－1）もトラス構造です。住宅の軽量鉄骨の屋根組みもトラス構造です。さらに、最近よく利用される建物の耐震補強（写真7－2）もトラス構造といえます。

トラスにも、さまざまなパターンがあります。よく橋に採用されるトラス構造のパターンを図7－4に示しました。

新幹線の鉄橋など、一般的にはワーレントラスをよく見かけます（写真7－3）。トラスの上下の部材を弦《げん》といい、上側を上弦《じようげん》、下側を下弦《かげん》といいます。上弦と下弦が平行のものを平行弦トラス、上弦が直線でないものを曲弦トラスと呼んでいます。

写真7－1　東京タワーのトラス構造

写真7－2　耐震補強のトラス構造

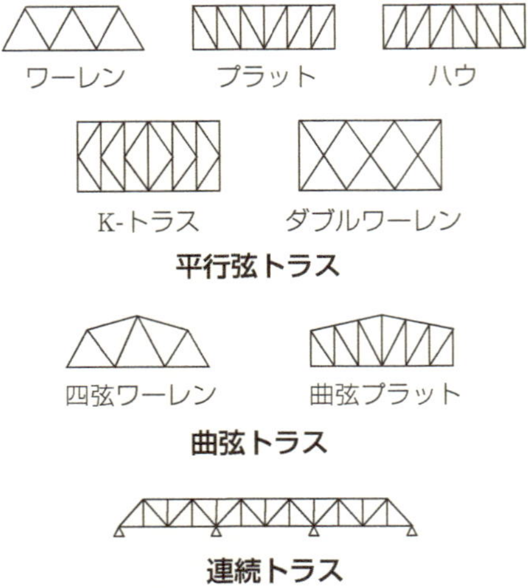

図7－4　トラスのさまざまなパターン

写真7－3　新幹線が通る富士川橋梁（静岡県）

トラス橋の歴史

トラス橋はアーチ橋などに比べると、長い歴史を持っているわけではありません。産業革命が広まった18世紀中頃のヨーロッパで登場したと考えられています。当時は鉄製品が開発されたばかりで、橋の中でもおもに引っ張り力を受ける部分には鉄製品が使われ、圧縮力を受ける部分に木材を用いたトラスが使われるようになりました。やがてこの技術は開拓時代の北アメリカに伝えられました。橋の木材が腐食するのを防ぐためにトラス橋全体に屋根をつけて囲った「カバードブリッジ」がいまでも残っています。映画で有名な「マディソン郡の橋」もそのひとつです（写真7－4）。

写真7－4　「マディソン郡の橋」として名高いローズマンブリッジ。トラス橋が屋根で囲われている（アメリカ）

写真7－5　トラス橋としては最大級の大きさのフォース橋（イギリス）

鉄鋼材料の大量生産が始まると、トラス橋は長いスパンを架ける場合に適した形式として重宝され、鉄道に多用されました。1890年に完成したイギリスのフォース橋は最大スパン521mと当時では世界最大のトラス橋で、いまもその大きさには圧倒されます（写真7－5）。20世紀に入ってからは、モータリゼーションの影響で橋が長大化していき、より長いスパンを架けられる吊橋や斜張橋が主流になりました。それでもトラス構造のシンプルで合理的な形式は利用価値が高く、いまなお新しいトラス橋が建設されています。

§8

アーチ橋
落ちそうで落ちない秘密

すべての石が支えあう

次にアーチ橋を見ていきます。

美しい曲線を描くアーチ橋は、古代から無数につくられ、長い年月に耐えていまでも世界中で使われ続けています。材料には石材やレンガが多く用いられ、木材を使ったものは耐久性がないのであまり見かけませんが、日本には有名な岩国の錦帯橋《きんたいきょう》があります。近代では鋼製やコンクリート製、あるいは鋼とコンクリートを組み合わせたアーチ橋も現れ、多彩な材料でつくられています。

写真８－１のように、石造のアーチは3000年も前からつくられ、その後、レンガでもつくられるようになりました。しかし、最初からアーチの形だったのではなく、小さな石を使って丈夫な橋を架けようと工夫した結果、徐々に進化したと考えられています。その様子は24ページの図１－５で解説しましたので、もう一度確認してください。

アーチの形にすると、石などのブロックが互いに押し合うためにブロックどうしがずれないようになり、大きな荷重に耐えることができます。写真８－１のように一番上の石も安定していて、長い年月を経ても落ちることはありません。

アーチのしくみは写真８－２のようになっています。

写真８－１　ギリシャのオリンピアに残っている石のアーチの一部分

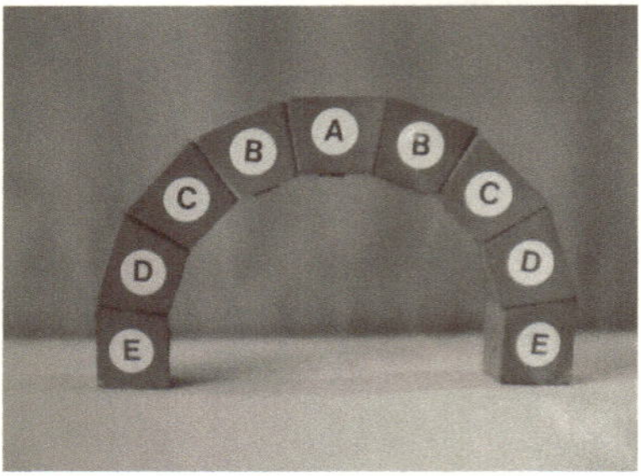

写真８－２　アーチのしくみ

●Ａは両側のＢに支えられています。
●Ｂも両側のＣとＡに支えられています。
●同様にすべての石がお互いに支えあっています。
●このような状態を「迫《せり》持《も》ち」といいます。

アーチのもうひとつの特徴は、両側の足元を強固に固定しなければならないことです。写真８－３の①を見てください。アーチの足元には斜めに力がはたらき、これが水平方向と鉛直方向に分解されます。そのため水平方向に大きな力がはたらき、アーチの足元を開こうとするのです。足元を外側から固定して、この力を抑えれば、アーチは安定します（②）。しかし固定されないと足元が徐々に開いていき（③）、容易に壊れてしまうのです（④）。

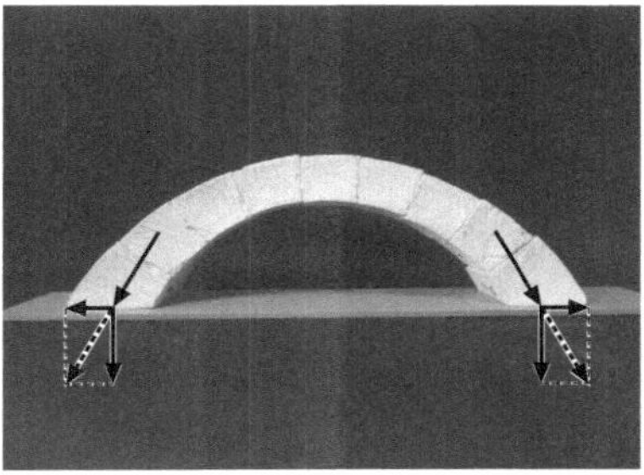

写真８－３
①水平方向に大きな力がはたらく

②写真のように「ずれ止め」で足元を固定すると安定する

③固定しないと足元が開いていく

④壊れる

美しい形には理由がある

アーチの曲線には、力学的な裏づけがあります。

古くからのアーチは半円形をしていますが、もっともアーチに適した強い形が力学の発展によってわかってきました。それがどんな形かは、簡単に知ることができます。

くさりでも紐でもよいのですが、左右の手に持ってぶら下げると、写真８－４のようにきれいな曲線ができます。この曲線の形は身近にいくらでも見られ、カテナリー（懸垂曲線）と呼ばれます。電信柱を渡る電線も、直線に近いですがこの曲線です。

そして写真８－５は、写真８－４を逆さまにしたもので

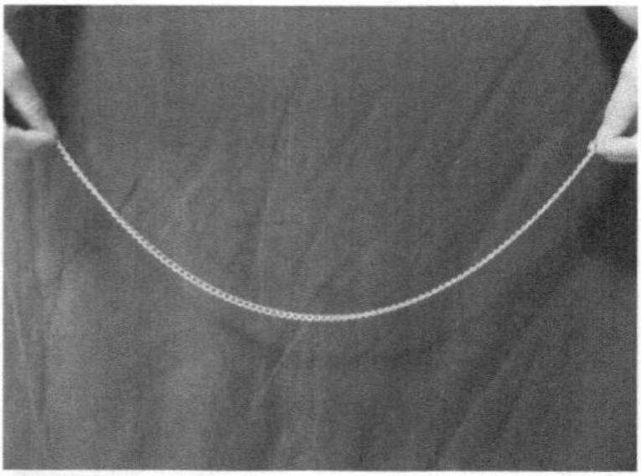

写真８－４　くさりが懸垂曲線を描いている

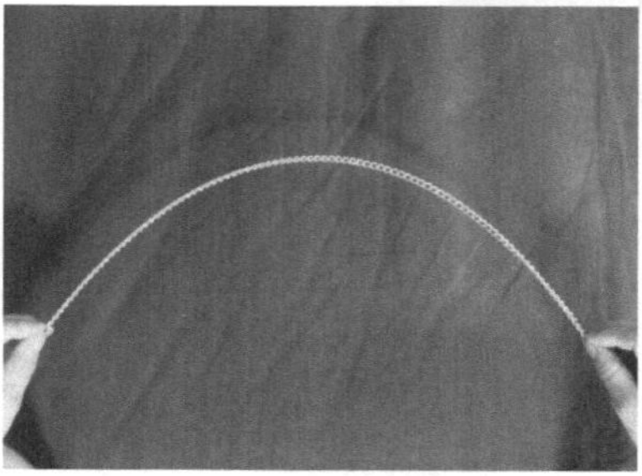

写真８－５　写真８－４を逆さまにした曲線

す。つまりカテナリーを逆さまにした曲線ですが、アーチにはこの曲線がもっとも適しているのです。

写真８－４では、くさり１個ずつがお互いに引っ張り合っています。引っ張りの力だけしかはたらいていないので、きれいな曲線ができます。このくさりを石のブロックで置き換え、逆さまにすると理想的なアーチ型になります。このとき、石のブロックどうしには引っ張りの力ではなく、押し合いの力だけがはたらいています。

石は圧縮に強いので、アーチに適した材料です。有名なスペインのサグラダファミリア聖堂は、ガウディがこの逆カテナリーの方法を複雑な設計に応用しました。コンピュータなどない時代に、この形がアーチの理想であることに気づいていたのです。また、最近の研究で、錦帯橋もこの逆カテナリーであることがわかりました（松塚展門氏による日本建築学会学術講演）。

いまでは重くて加工しづらい石材はほとんど使われなくなりました。しかし、アーチの力学的な特徴は、どのような材料の橋においても効果を発揮することがわかり、現在でもアーチ橋はたくさん架けられています。

アーチの原理と、その威力を知るために簡単な実験をしてみましょう。写真８－６のように、はがきを長さ10cm、幅2.5cmほどに切って積み木に架け渡し、その上に10円玉を置きます。はがきは10円玉の重みで曲げの力が作用してたわみ、２個までしか10円玉を置くことができません。次に、同じはがきを写真８－７のようにアーチ型に曲げて積み木に架け渡します。このとき、はがきの両端（アーチの足元）がずれないようにすることが大切です。ご覧のよう

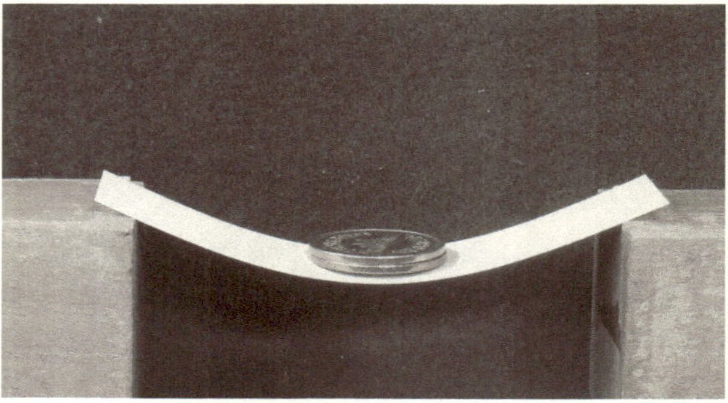

写真８－６　10円玉は２個しか置けない

写真８－７　10円玉が６個も置ける

に、はがきは10円玉を６個置いても形がほとんど変わりません。アーチにかかる力は圧縮だけで、曲げの力はほとんどかからないからです。

これまでにアーチ橋はさまざまな形が工夫されています。その概略図を図８－１に示します。バランスドアーチの新木津川大橋（大阪府）は最大スパン305mで日本最大

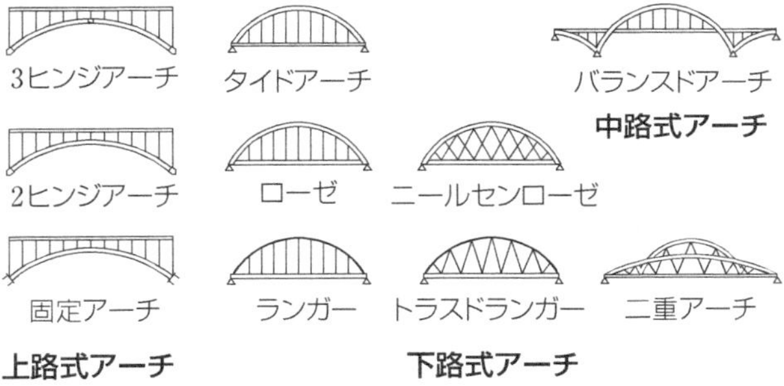

図８－１　さまざまなアーチの形式

写真８－８　日本最大のアーチ橋、新木津川大橋（大阪府）

のアーチ橋です（写真８－８）。

§9

吊橋
長大な橋が可能なわけ

吊り下げる効果

次は吊橋です。世界最大の明石海峡大橋など、長大な橋の多くはこの形式をとっています。その理由は何なのでしょうか。

ものを支える方法に、吊り下げるという方法があります。クモがとても細い糸にぶら下がって行動し、自分よりはるかに大きな獲物も糸で捕らえているように、この方法はとても効率的です。このことは図９－１を見ればよくわかると思います。バケツを下から支えるには丈夫な台が必要ですが、吊り下げると細い紐やロープで十分です。

吊橋はこの吊り下げるという方法の効率のよさを利用しています。橋にはさまざまな形がありますが、吊橋は長大な橋を架けるにはもっとも適しています。大きな川や海峡

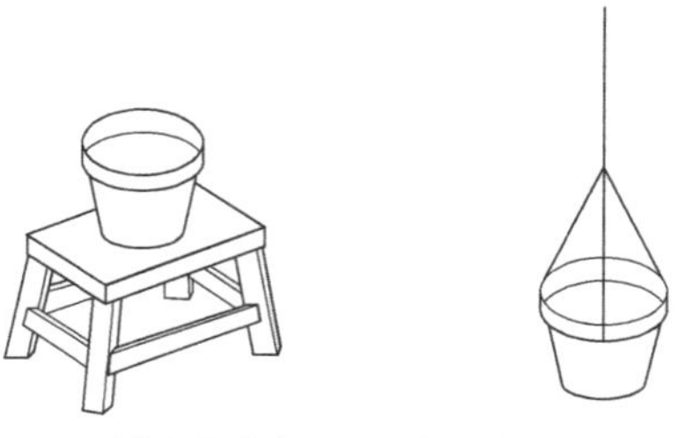

図９－１　下から支えるより吊るすほうが効率的

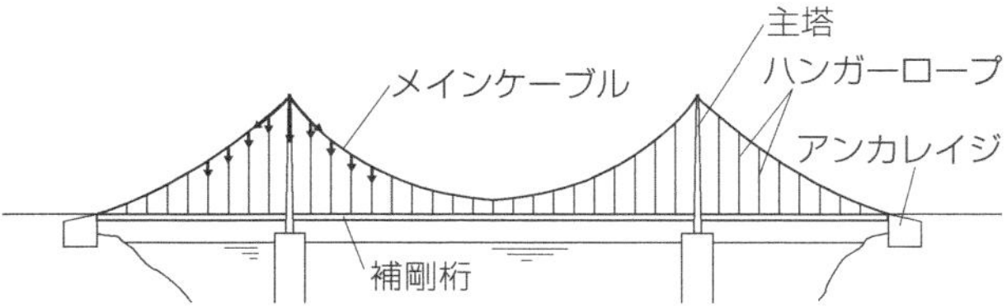

図9－2　吊橋の基本的な構造

を渡るために、世界各地で吊橋が活躍しています。

吊橋は高くて強い塔と、太いメインケーブル、補剛桁《ほごうけた》(吊橋の場合は桁をこう呼びます)、補剛桁を吊るハンガーロープ、そしてケーブルを両岸に引き止めるための大きなアンカレイジからできています。

図９－２のように、まずハンガーロープが補剛桁や通行車両の重さを支えます。

その力をメインケーブルが支えます。メインケーブルには巨大な力が加わるため、大きな吊橋では鋼線をより合わせた、直径１mを超える強くて丈夫なケーブルを使用します。ハンガーロープとメインケーブルには、引っ張り力が作用します。そして、そのメインケーブルの力を支えているのが塔とアンカレイジです。

塔の高さはどう決めるのか

もしハンガーロープが切れたり、ハンガーロープの力をメインケーブルが支えられなかったり、塔がゆがんだり、アンカレイジが動いたりすると、吊橋は大きく変形して壊れてしまいます。そうならないよう力のつりあいを保つには、各部分に作用する力の大きさを計算して橋の材料や大きさを決めなくてはなりません。たとえば、塔の高さはどのように決めるのでしょうか。
　写真９－１のような実験をしてみると、力の様子がよく

（A）

（B）

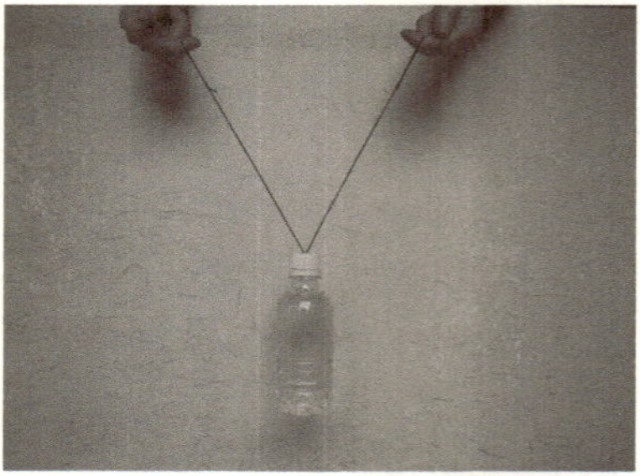

（C）

写真９－１　両手を広げていくと大きな力が必要になる

わかります。

ペットボトルに水を入れて糸で吊り下げます。（A）はペットボトルの重量を１本の糸で支えます。（B）は２つの方向から支えます。（B）の状態から、（C）のように少しずつ両手を離してゆくと、（A）よりもずっと大きな力が必要なことが実感できます。実際にやってみると、かなり大きな力を入れないと写真の（C）のようには引っ張れません。そして、さらに両手を広げると、糸は一直線になる前に切れてしまいます。

このことを力学的に考えたのが図９－３です。

Aは写真９－１の（A）を表していて、吊り下げた糸にはペットボトルの重さWと同じ大きさの引っ張りの力T_0が作用しています。

Bは写真９－１の（B）を表しています。糸にかかる力T_1を平行四辺形の法則で合成した力T_0が、Wとつりあっています。

CはBの状態から、写真９－１の（C）のように両手を離していったところです。糸にかかる力T_2を合成したものが力T_0です。

この図９－３を見ると、ペットボトルの重さは変わらないのに、BのT_1からCのT_2へと、糸に作用する力はとても大きくなっていることがわかります。

じつは吊橋の塔の高さとメインケーブルにかかる力の関係は、このペットボトルを吊り下げた実験と上下を逆にしただけで、考え方はまったく同じなのです。

つまり図９－４のように、メインケーブルの間の角度が開く（塔が低くなる）ほど、メインケーブルにかかる力は

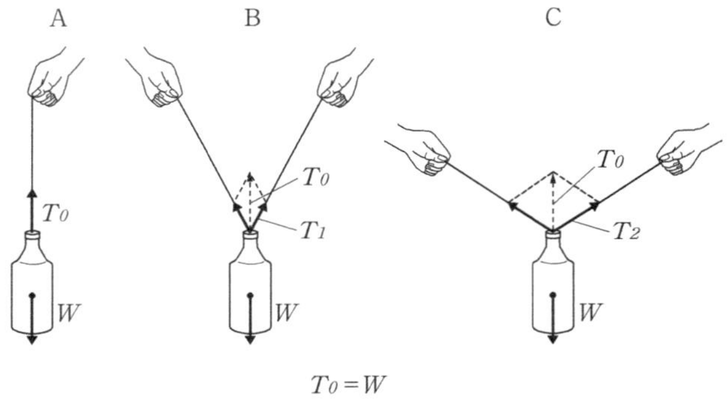

図9－3　糸の角度が開くほど糸には大きな力がかかる

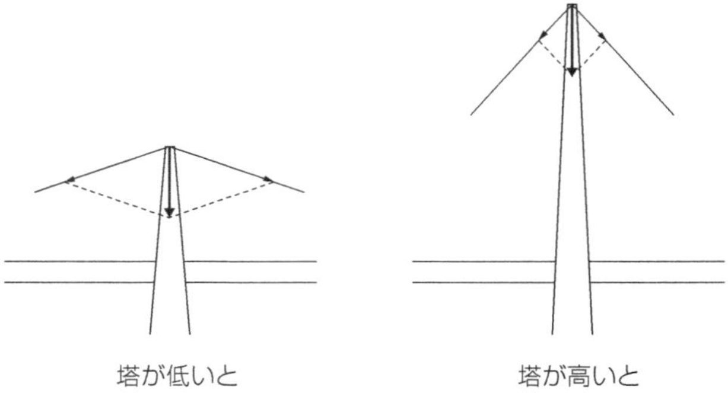

図9－4　塔の高さによるケーブルにかかる力の違い

大きくなるのです。このことから、メインケーブルに作用する力を小さくするには、塔を高くすればよいことがわかります。

しかし、塔を高くするのは工事が大変なうえに、塔が不安定になります。一方、塔を低くすればメインケーブルに作用する力が大きくなって、太いロープが必要になります。実際には、経済的な条件や工事のしやすさを考えて、適当な塔の高さ、ケーブルの太さをいくつもの例を計算して決定しています。明石海峡大橋の主塔の高さは約300m、これは日本では東京タワー（333m）に次いで高い建造物です（2010年時点）。

風は吊橋の大敵

吊橋は通路を吊ってぶら下げている構造なので、渡ると上下に揺れます。さらに風が吹くと、上下だけでなく、左右にはもっと大きく揺れます。葛飾北斎の「諸国名橋奇覧」という橋を題材にした珍しい浮世絵に、図９－５のような吊橋が描かれています。この橋を初めて渡る人は、高さと揺れの怖ろしさに這って渡ったと記録にあるようです。吊橋は比較的少ない材料で長い橋を架けることができる合理的な形式ですが、このように揺れが大きいという問

図９－５　葛飾北斎「諸国名橋奇覧」飛越の堺つりはし

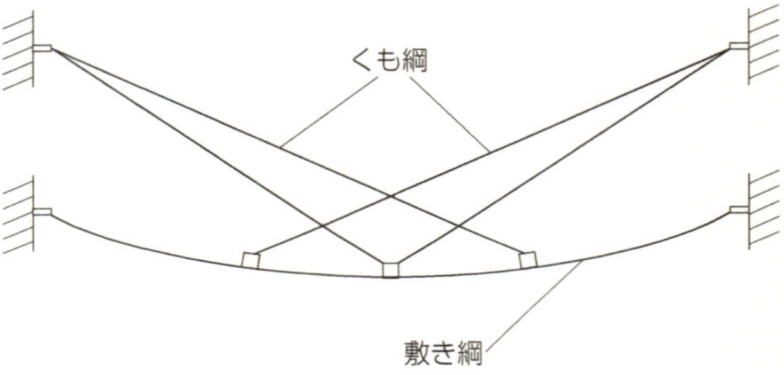

図９－６　祖谷のかずら橋の構造図

題があります。

四国に「祖《い》谷《や》のかずら橋」という植物の蔓《かずら》でできた珍しい吊橋があり（34ページの写真⑬）、観光客で賑《にぎ》わっています。この橋は、構造を強化すると同時に上下の揺れを抑えるために「くも綱《つな》」という蔓のロープで補強されています（図９－６）。このほかにも、観光地として話題になる各地の歩行者用吊橋は、風による変形や揺れを防ぐために耐風索《たいふうさく》というロープで補強されています（写真９－２）。

風は同じ流体である水によく似た動きをしますが、目に見えないためとらえどころがありません。「風力」「風圧」という言葉があるように構造物を押す力を持っていて、橋もこの力（風荷重）に耐えるように設計されています。ところが、風は「圧力」だけでなく構造物に「振動」という現象を引き起こします。これが厄介なのです。

振動は、大きなものはゆっくり揺れて、小さなものは早く振動するというように、それぞれのものが固有振動数というものを持っています。吊橋の場合、この固有振動数に

写真9－2　十津川谷瀬の吊橋（奈良県）**の耐風索**（矢印）

共振する振動が外から加わると、非常に揺れが大きくなります。その悲惨な例として、1850年にフランスで起きたバス・シェーヌ橋の事故が知られています。フランス軍歩兵隊の約500人がこの橋を行進していたところ、橋が崩れ落ちて226人が死亡したのです（図9－7）。規則正しい歩調が橋の固有振動数に共振して橋が大きく揺れたためではないかといわれていますが、実際には多くの人が載りすぎたのが原因でしょう。しかし、この事故以降、フランスでは「吊橋の上で歩調をとるべからず」という立て札が立てられるようになったといわれています。

風による橋の振動もこれと同様の危険をはらんでいます。これまでの研究の結果、大きく分けて次のような現象があることがわかっています。

図９－７　事故直後のバス・シェーヌ橋を描いた絵

①フラッター

木の葉がパタパタと揺れるのと同じように、飛行機の翼などに起きる現象で、平たい橋桁などに見られます。後述するタコマナローズ橋が落ちたのもこれが原因といわれています。

②ガスト応答

風は一定の強さで吹くわけではなく、まるで呼吸しているように強くなったり弱くなったりしながら吹いています。このことをガストといい、ガストによって生じる振動をガスト応答といいます。

③渦《か》励《れい》振動

水の流れの中に石や棒などの障害物があると、その後ろにはカルマン渦といわれる渦ができます。この渦は右へ左へと形を変え、これによって障害物の棒はブルブルと揺れます。これと同じように、ピンと張った電線や、吊橋のハ

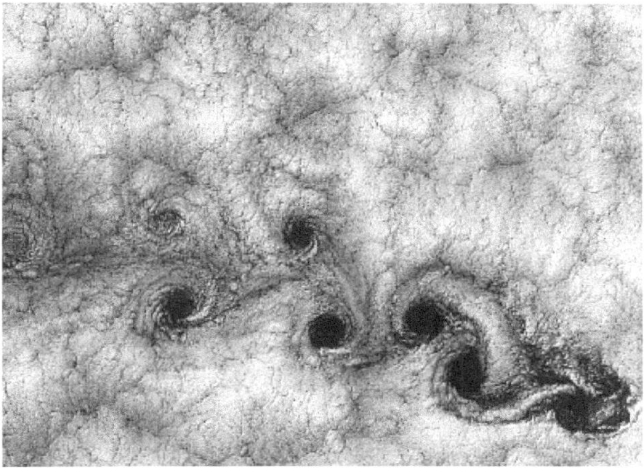

写真９－３　屋久島上空の気流のカルマン渦　流れの左右に逆向きの渦が交互に現れる

ンガーロープなどは、風が吹くと障害物の役割をするため音を立てて振動します。

明石海峡大橋の風対策

吊橋は通路となる桁をハンガーロープで吊っていますから、桁が強固でないと揺れることになります。橋を強くする桁という意味で吊橋の桁は補剛桁と呼ばれるのです。

図９－８は明石海峡大橋の補剛桁です。なんと高さ14mという巨大なトラス構造になっています。流線型の構造も検討されたのですが、風の通り抜けやすいトラス構造が採用されました。路面の一部には、グレーチングという風抜きのための格子状の枠が使用されています。グレーチングは、小さなものでは道路の側溝などに使われている格子状

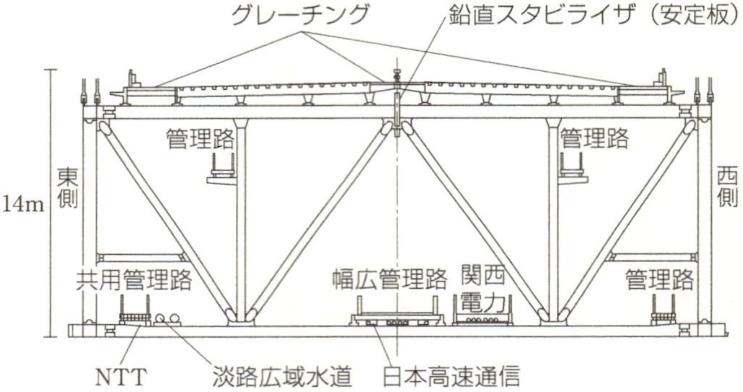

図９－８　明石海峡大橋の補剛桁

写真９－４　風洞実験

写真９－５　煙によって可視化した風の動き

の鉄のふたがあります。

1940年、アメリカ・ワシントン州のタコマナローズ橋は、風速毎秒40mに耐えられるよう設計されていたにもかかわらず、毎秒19mの風で大きく揺れて落ちました（226ページ参照）。毎秒40mの風圧に相当する一定の力が加わることは予測されていても、風の吹き方に強弱があり、それが橋を振動させることは考慮されていなかったためといわれています。

この事故以後、吊橋の風対策は大きな技術課題となりました。静的な風荷重は計算で安全性を確かめられますが、動的な振動現象を計算で確かめることは困難でした。そこで、人工的に風を発生させて橋への影響を観察する風洞《ふうどう》実験を用いて、設計が進められるようになりました。最近は研究が進み、コンピュータで解析できる場合もあります。

写真９－６　全長40mの明石海峡大橋の模型

写真９－７　風洞実験で横に大きく変形した明石海峡大橋の模型

写真９－８　明石海峡大橋に装備された主塔の振動を抑える装置

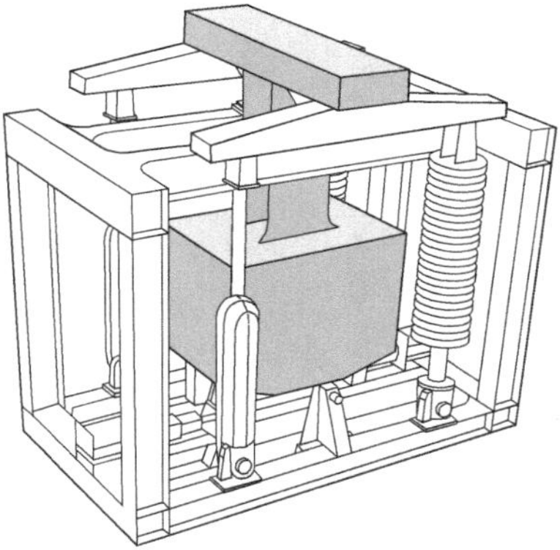

図9－9　制振装置　黒い部分が振り子になっている

写真9－4はビル風などの解析をするための大きなファン（扇風機）を設置した風洞実験です。また写真9－5は煙を用いて風の流れを可視化したところです。

明石海峡大橋では、橋の100分の1の長さにあたる全長40mもの巨大な模型を作り（写真9－6）、実験棟を建設して、風速毎秒100mに相当する風洞実験をおこないました。写真9－7はそのときの模型が大きく変形した様子です。この実験の結果から、明石海峡大橋は風速毎秒80mにも耐えられるように設計されたのです。

また、明石海峡大橋では風による主塔の振動を抑える装置も装備されました。ばねと油圧とおもりを1つの天秤で支える形式の振り子を、2つの主塔に20基ずつ取りつけています（写真9－8）。振り子は塔の揺れを抑える制振装置です。塔が揺れて一方に傾くと、振り子が逆方向に揺れて、振動を抑えるしくみになっているのです（図9－9）。

コラム

橋のミュージアム

●橋の科学館（兵庫県神戸市）

世界一の長大吊橋である明石海峡大橋を望む場所に「橋の科学館」があります。架橋までの歩みや、工夫を重ねて新たに開発された技術などが、写真や模型の展示で説明されています。シアターも併設されて、眼鏡をかけて見る迫力ある立体映像が楽しめます。

また、設計時の風洞実験に使用された全長40m（100分の１の長さ）の模型が展示されていて（写真左）、風速60mのときの橋梁が変形する様子が再現され、日本の橋梁技術のすばらしさを体験することができます。

このような架橋を記念したミュージアムは、海外でも大規模な橋、著名な橋に設けられることがあり、この科学館にも海外から訪れる観光客の姿が多く見られます。

明石海峡大橋の模型

●瀬戸大橋記念館（香川県坂出市）

瀬戸大橋は瀬戸内海を間に、岡山県と香川県の海峡部9368mを吊橋、斜張橋、トラス橋、高架橋で結ぶ本州四国連絡橋です。この瀬戸大橋記念館には、９年半におよぶ工事の記録が大型写真パネル、動く模型などで説明されています。また、ブリッジシアターでは、大型のダイナミックな映像で世界の橋を見ることができ、架橋にまつわるさまざまなドラマを実体験することができます。

記念館の屋上からは瀬戸大橋が一望でき、また近くの庭園には架橋工事で活躍した機械が屋外展示されています(写真右)。瀬戸大橋の架橋で培われた技術がさらに磨かれて、世界最長の明石海峡大橋架橋につながったことがわかります。

瀬戸大橋架橋で使われた機械

§10

斜張橋

大きなハープ

コンピュータの進歩で建設ラッシュ

橋の形式の最後に紹介するのは斜張橋です。

このタイプの橋が近年、世界的に数多く建設されるようになっています。見た目は吊橋に似ていますが、吊橋が主塔からメインケーブルを全長にわたって張り、そこから鉛直に降ろしたハンガーロープで補剛桁をぶら下げているのに対し、斜張橋は、主塔から斜めに張り出したケーブルで直接、桁を引っ張る形式になっています（図10－１）。ものを吊り下げるという効率的な方法をとっている点では吊橋と

写真10－１　横浜ベイブリッジ（神奈川県）は日本の代表的な斜張橋

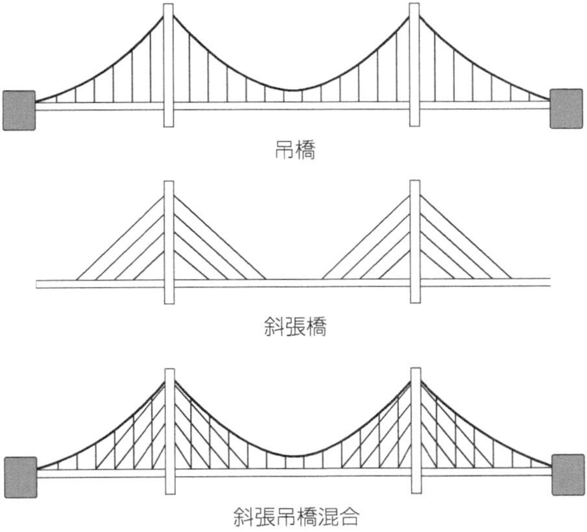

図10－1　吊橋、斜張橋、斜張吊橋混合の模式図

同じなので、やはり長大な橋を架けるのに適しています。吊橋のようにメインケーブルを用いないので、メインケーブルを両岸で留めるアンカレイジは不要です。

　有名な土木技術者のローブリングが設計したアメリカのブルックリン橋は吊橋ですが、斜めケーブルも使用しているので、吊橋と斜張橋の混合形式です（斜張吊橋混合）。吊橋の例として紹介した祖谷のかずら橋（96ページ）も、斜めに張ったロープも使用していますので厳密には混合形式といえます。

　斜張橋は1800年代にはすでに架けられていました。ところが最初の斜張橋として架けられたイギリスのツイード川、ドイツのザール川の２つの橋が、1820年前後に相次いで落橋してしまいました。そのためフランスの有名な工学者ナヴィエ教授らによって、「斜張橋は構造解析が難しく、正確な設計ができないため吊橋に劣る」と結論づけられました。たしかに斜張橋の構造解析をしようとすると、数十元、数百元の連立方程式を解かねばならず、コンピュータのない時代には不可能だったろうと思われます。

しかし1944年、ハーバード大学でリレー式計算機が完成し、1950年ごろから構造解析の分野でも応用されはじめ、斜張橋の構造も簡単に解析できるようになったのです。

これをきっかけに斜張橋の建設は堰《せき》を切ったように盛んになりました。1999年５月に本州四国連絡橋の多々羅《たたら》大橋（中央支間長890m）が斜張橋では世界一の長さとなりましたが、2008年６月には中国の蘇通大橋（中央支間長が1088m）が開通して世界記録を更新するなど、非常な勢いで建設ラッシュを迎えています。斜張橋と吊橋の中央支間長の変遷を世界と日本に分けて図10－２にまとめました。

近年では、斜張橋によく似ていますが設計の考え方が異なるエクストラドーズド橋という形式の橋も出てきました（写真10－３）。引っ張りに弱いコンクリートの欠点を補うために、鉄筋よりもさらに数倍引っ張りに強いケーブルを内部に入れた、プレストレストコンクリートがいま世界中で広く使われています。エクストラドーズド橋は、このケーブルの効果をより強めるために、ケーブルをコンクリート断面の外に出し、斜めに桁を支える形式です。斜張橋と比べ、塔の高さが低くてすむことから、コストが軽減できるのが特徴です。

写真10－2　斜張吊橋混合のブルックリン橋（アメリカ）

写真10－3　エクストラドーズド橋の衝原橋《つくはらばし》（兵庫県）

図10－2　吊橋と斜張

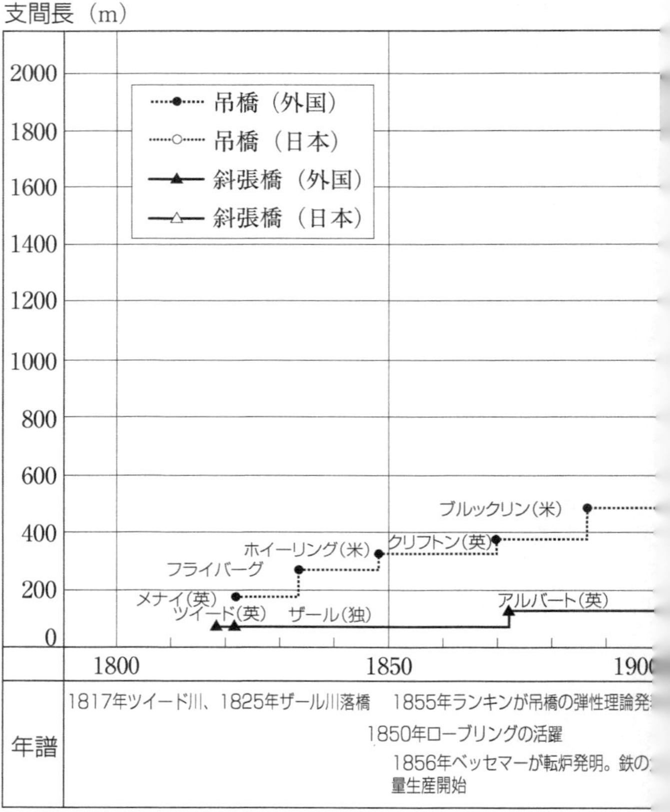
支間長（m）
2000
1800
1600
1400
1200
1000
800
600
400
200
0
吊橋（外国）
吊橋（日本）
斜張橋（外国）
斜張橋（日本）
ブルックリン(米)
クリフトン(英)
ホイーリング(米)
フライバーグ
メナイ(英)
ツイード(英)
ザール(独)
アルバート(英)
1800
1850
190
年譜
1817年ツイード川、1825年ザール川落橋
1855年ランキンが吊橋の弾性理論発
1850年ローブリングの活躍
1856年ベッセマーが転炉発明。鉄の
量生産開始

橋の最大スパンの変遷

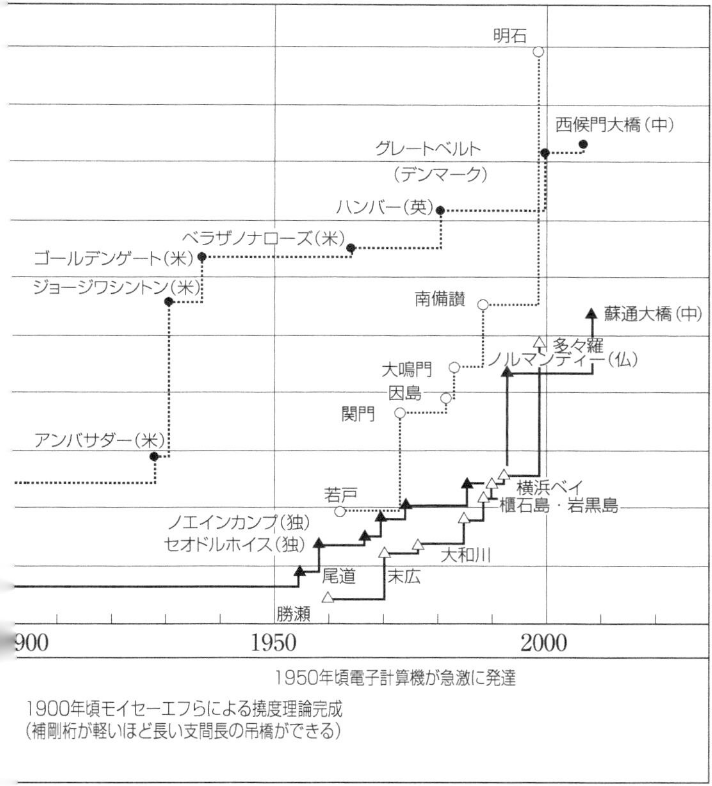
明石
西候門大橋（中）
グレートベルト
（デンマーク）
ハンバー（英）
ベラザノナローズ（米）
ゴールデンゲート（米）
ジョージワシントン（米）
南備讃
蘇通大橋（中）
多々羅
ノルマンディー（仏）
大鳴門
因島
関門
アンバサダー（米）
横浜ベイ
若戸
櫃石島・岩黒島
ノエインカンプ（独）
セオドルホイス（独）
大和川
尾道
末広
勝瀬
900
1950
2000
1950年頃電子計算機が急激に発達
1900年頃モイセーエフらによる撓度理論完成
（補剛桁が軽いほど長い支間長の吊橋ができる）

斜張橋やエクストラドーズド橋は、横から見ると楽器のハープのように見え、周囲の景観とマッチすると美しいハーモニーを奏でてくれます。

雲の上を走るミヨー橋

フランスに雲の上を走る斜張橋があります。標高1100mの山間を８径間連続で走るミヨー橋で、その路面高は地上245m、塔の高さは地上343mと東京タワーよりも高い、まさに天空を走る橋です（写真10－４）。

このような連続斜張橋は、橋桁に荷重がかかると図10－３のような変形をします。ある塔と塔の間（径間）に自動車が来ると、その前後の塔は内側（径間側）に倒れ、それぞれの外側の塔は、反対側に倒れるのです。このため、橋桁にもよぶんな鉛直変位（鉛直方向の変形）が生じること

写真10－４　雲の上に架かるミヨー橋

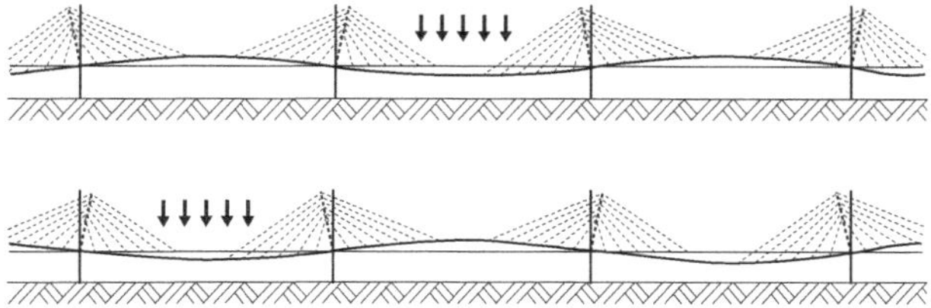

図10－３　斜張橋の鉛直変位

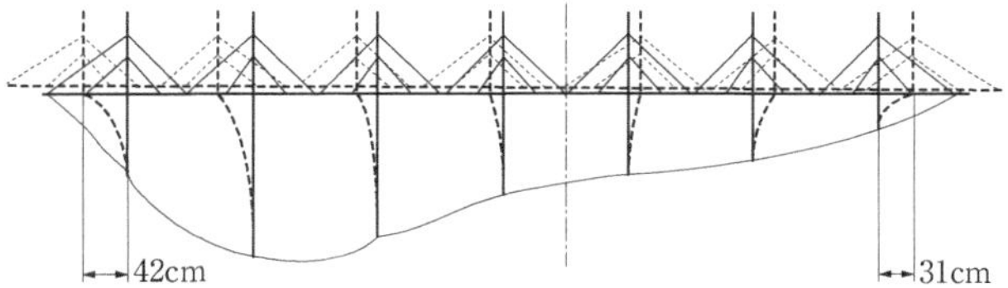

図10－４　斜張橋の水平変位

になります（図10－３）。これは斜張橋のメンテナンスにおいて大きな問題のひとつです。

さらにミヨー橋くらい橋桁が長くなると（2460m）、温度の変化やたわみによる変形などによって、桁の端に大きな水平変位（水平方向の変形）が生じます（図10－４）。ミヨー橋の場合は塔を支える橋脚が高いので、この変位にしなやかに対応できるのです。

またミヨー橋では、山間部の険しい地形のなかで大規模な斜張橋を建設するため、送り出し工法という架設法が新しく開発されました。この方法により、通常この規模の橋の建設には５年程度かかるところを、わずか３年余りで完成させることができました。送り出し工法については§16でくわしく説明します。

§11 橋桁の変形への対策

「たわみ」と「製作反り」

さまざまな橋の形式について見てきましたが、どんな形式でも橋の上部工には橋桁が欠かせません。そして橋桁の設計の際には、気をつけなくてはならないことがいくつかあります。

そのひとつが「たわみ」です。

平らなところに置くとまっすぐな物干し竿も、竿掛けに掛けると、少し曲がります。竿自身の重さでたわんで、垂れ下がるのです。橋も同じように、大きな重い橋を架けると、橋自身の重さで桁がたわみ、わずかですが垂れ下がってしまいます。これをそのままにしておくと、中央部に向けてへこむため車が走りにくくなります。

この「たわみ」の分を見越して、橋桁をつくるときは最

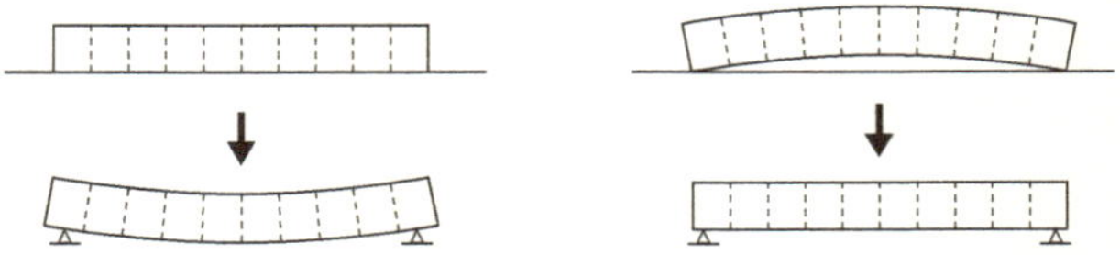

まっすぐの橋をそのまま
架けるとたわんで曲がる
（図は強調して描いています）

あらかじめ反りを入れて
おくと橋を架けるとほぼ
まっすぐになる

図11－1 「たわみ」と「製作反り」

初から橋を曲げてつくっています（図11－1）。橋を架けたときのたわみの量は、前もって計算できます。たわみの量の分だけわざと入れるこの反《そ》りのことを「製作反り」といいます。住宅の天井の場合もじつは、実際はまっすぐでも垂れ下がって感じられて圧迫感を与えることがあるので、上側に反りを入れて安心感を与えています。

「クリープ」とは

クッションに座ってすぐに立ち上がると、クッションの面は座る前の形に戻ります。ところが長時間座ると、立ち上がってもクッションはへこんだままのことがあります。

橋に使う鉄やコンクリートなどは、荷重によって変形しても荷重がなくなれば元に戻るように設計されていますが、長時間にわたり大きな荷重がかかると、クッションのように変形が残ることがあります。この現象を「クリープ」といいます。とくに重いコンクリートの桁では、クリープの影響は無視できません。しかも、時間がたつにしたがってクリープの量は増加します。そのため橋が曲がり、自動車は走りにくくなります。

そこで、たわみに対して「製作反り」を入れたように、クリープに対しても計算によってクリープの量を予測して、桁にあらかじめ反りを入れています。

無視できない温度差

ジャムや海苔の佃煮などのびんのふたが開きにくいとき、ふたを温めてから回すと簡単に開くことがあります。これは容器のガラスよりもふたの金属のほうが温度による膨張率が少しだけ大きいため、ふたのほうが大きくなるので、双方の接点にゆとりができるからです（図11－２）。

少し前までは、夏の盛りに暑さのために鉄道レールが蛇のように曲がってしまうことがありました。冬の間はレールとレールの継ぎ目にすき間があったのに、気温が上がるとレールが膨張してすき間がなくなってレールとレールが押し合い、枕木がしっかりしていないと、横に張り出して曲がりくねってしまうのです。たとえば長さ50mの鉄は、50度の温度差があると伸縮の差は３cmにもなります（図11－３）。

最近の枕木は「木」ではなく、ピアノ線などで締めつけ

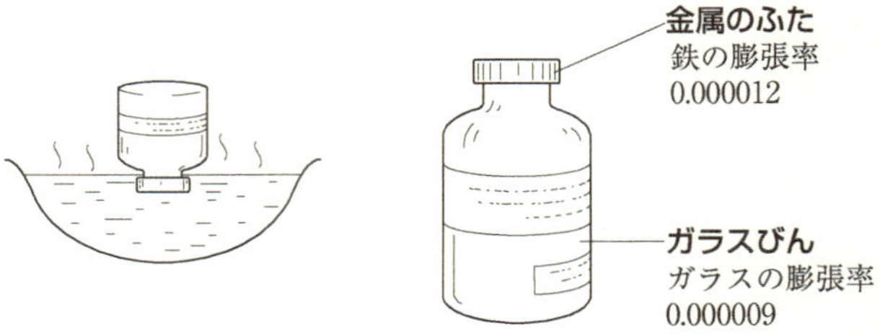

図11－２　びんのふたは温めると開けやすくなる

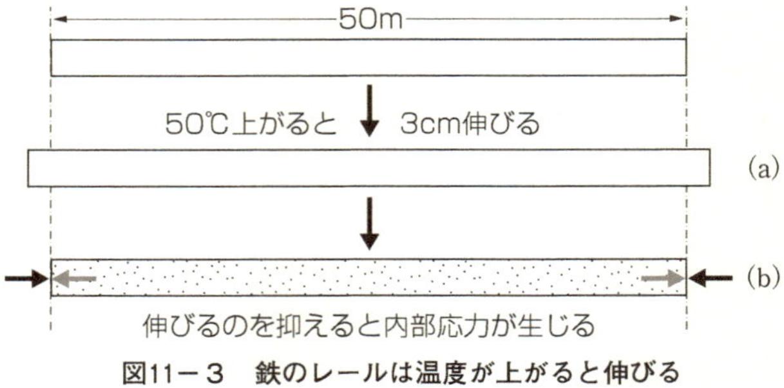

図11－３　鉄のレールは温度が上がると伸びる

た重く強いコンクリート製のPC（プレストレストコンクリート）枕木が使われるようになりました。レールはPC枕木に特殊な金具でしっかり留められ、さらに枕木の周辺は砕石などを敷いたしっかりした地盤となったので、いまでは真夏でもレールが曲がってしまうことはほとんどなくなりました。

橋も鉄道レールと同じく、気温の上下によって伸び縮みします。レールは曲がっても容易に直すことができますが、橋の場合はそうはいきません。

かりに気温の低い冬場に、すき間なく橋を架けると、どのようなことが起きるでしょうか。

橋の材料は力が作用すると変形しますが、変形は温度変化によっても起こります。夏になって気温が上がると、橋は膨張して伸びようとします。しかし、橋は両岸の橋台で端をすき間なく押さえてしまうと、それ以上伸びることができません。このとき材料の内部には応力が生じます。応力に耐えられない材料は壊れることがあります。橋台が強

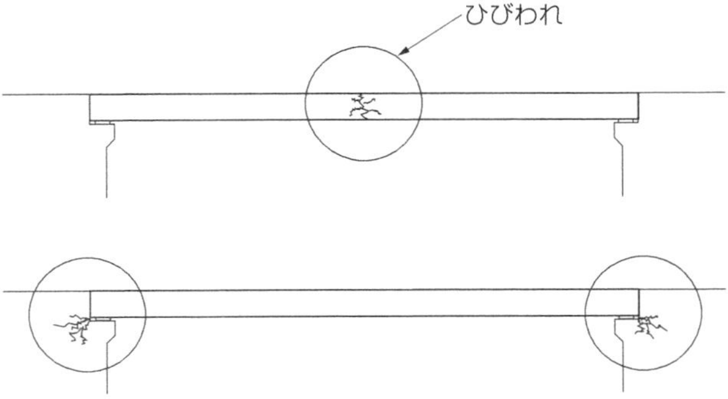

図11－4　橋桁が伸びると橋か橋台が壊れる

ければ橋が壊れるし、逆に橋が強ければ橋台のほうが壊れるかもしれません（図11－4）。

そこで、そんなことが起きないように、橋と橋の継ぎ目、橋と道路の取りつけ部分にはあらかじめ少しだけすき

夏の橋の継ぎ目

冬の橋の継ぎ目

橋の継ぎ目部分のすき間を横から見たところ

写真11－1　橋の継ぎ目

間があけてあります（写真11－1）。このように夏と冬で気温の変化に応じて伸縮するしくみを伸縮装置といいます。

温度差による伸縮は、橋の工事中も大きな問題となります。

工場で設計図通りに切断した鉄板は、ボルト孔などの加工をしたあと、設計図通りに組み立てられるかを工場で実際に組み立てて確認します。これを「仮組み」といいます。

しかし工場の中の気温が一定の場所と違って、実際に橋を架ける現地では、直射日光を受ける部分と日陰の部分とではかなりの温度差が生じます。すると仮組みのときよりも橋がゆがんでしまい、設計図通りに橋を組み立てることができなくなります。だから現地で組み立てるときは天候や気温に十分注意し、温度差が大きそうなときは直射日光の影響が少ない夜間や曇りの日を選んで工事が進められます。どうしてもやむをえないときは、水をかけて冷やすこともあります。

コラム

人が住む橋

人間はさまざまな場所に住んできましたが、中世ヨーロッパでは、なんと橋の上にも家を建てて暮らしていました。このように、人が住む橋を「家橋」といいます。

橋の上にあったのは、住居や商店だけではありません。礼拝堂、市庁舎、牢獄、税関などもあり、通行税をとっていたところもありました。

たとえばドイツのクロイツナッハで13世紀につくられたナーエ橋の上には３軒の家があり、橋詰には教会が建っていますし、バンベルクにあるオーベル橋の上には、15世紀に建てられた市庁舎があります。

また、イタリアでもベネツィアのリアルト橋には土産物屋が並び、フィレンツェのベッキオ橋には貴金属店が軒を連ねています。ベッキオ橋は観光客でいつもにぎわっていますが、もとは富豪メディチ家の人たちが、雨の日でも傘をささずに対岸の教会に行けるようにするために架けられたものです。橋は２階建てで、上の階は両岸をつなぐ回廊として使われ、下の階には橋の建設費を負担した宝石商たちが軒を並べました。つまりベッキオ橋は、最初から店舗と住宅のある橋として計画されたのです。店舗の商いは橋ができてから今日まで、数百年も続いています。

このように家橋はヨーロッパの各地にありますが、その歴史や規模からいって、旧ロンドン橋の右に出るものはないでしょう。14世紀の記録によると、旧ロンドン橋は最初

フィレンツェのベッキオ橋

に架けられたときは長さ300m、幅８ｍの木造橋でした。橋の上には店舗を兼ねた住居が131軒も並んでいたそうです。大家族の当時ですから１軒あたり５～６人と仮定すると、600～700人が橋の上に住んでいたことになります。ほかに教会や牢獄、さらし首台や売春宿まであったといいますから、まさに橋の上が中世のひとつの町でした。

橋の上の建築は地面に直接建っている店舗や住居とは様子が違っていて、１階に小間物店、帽子店、針製造店、手袋店、衣料雑貨店などがあり、２・３階は住居で、台所やトイレがありました。汚物はそのままテムズ河に窓から投げ捨てられていましたから、歩行者の頭上を越えて川面に

中世の旧ロンドン橋

落ちる、といった光景があたりまえに繰り広げられていたわけです。

ロンドン橋は1209年に本格的な石造りのアーチ橋に架け替えられ、1758年に橋上の民家が取り壊されました。つまり、その間の550年間もの間、人々は橋の上に住みつづけたのです。やはり「住めば都」だったのでしょうか。

§12

下部工の設計

橋台と橋脚

これまで橋の設計に必要な科学を、上部工を中心に見てきました。設計の章の最後は、下部工について見ていきましょう。

安心して長く住める家にはしっかりした基礎が必要です。弱い地盤に建てたビルには杭《くい》が打ってあります。コンクリートのダムは固い岩盤の上につくられます。このように毎日多くの人々が利用する施設には、しっかりした基礎工事がされています。

人やものが渡る橋も同じです。橋はその場所に必要だから架けられたのです。壊れたからといって移したり建て直したりすることは容易にはできません。ですから橋を支える下部工は、上部工の橋本体と同様に、十分安全に設計しなければなりません。

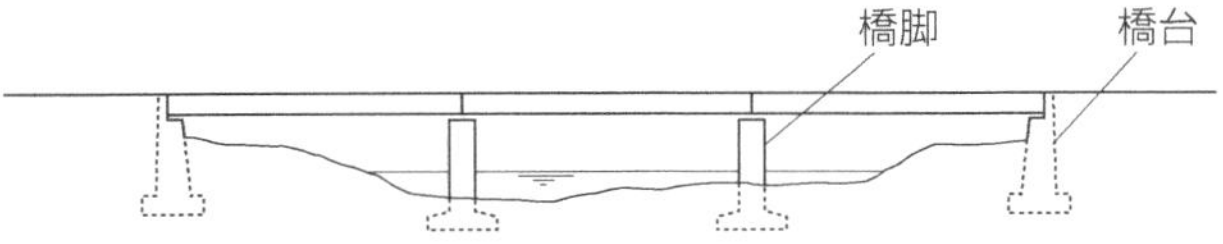

図12－1　橋台と橋脚

下部工には、両岸の「橋台」と、河川などの中につくられる「橋脚」があります（図12－１）。

川幅などが小さければ、両岸に橋台をつくって橋桁を架ければ橋ができあがります。しかし川幅などが大きくてひとまたぎできない場合は、考えどころです。

費用をかけて大きな橋にして、ひとまたぎする場合もありますが、橋を大きくできるほどスペースに余裕がないとか、工事費が限られている場合は、川の中に橋脚を設置して、橋を架けることになります。

橋脚をつくる場合は川や海などの水中での工事となります。橋台も、水際につくる場合は橋脚と同じように水を避けながら工事をすることがしばしばあります。このような水を相手にしながらの工事は橋ならではのもので、非常に困難です。具体的にどのような工法が用いられているかは、あとでくわしく解説します。

支承のはたらき

橋は橋自身の重さに加えて、車などの大きな荷重を支えるため、かなりの重さになります。しかも、これまで述べたように橋は伸びたり、縮んだり、曲がったりします。

ですから橋を橋台や橋脚に直接載せると、大きな力が直接かかるために橋台の一部が壊れるか、あるいは橋自身が壊れます（図12－２）。また、地震の揺れに対して橋が前後左右に動くと、橋が落ちることもあります。

そこで、橋台や橋脚の上には「支《し》承《しょう》」（写真12－１）を載せています（図12－３）。支承は英語では「シュー」とも呼ばれ、また「沓《くつ》」と書かれることもあります。いずれ

写真12－1　支承　上の写真の囲み部分を拡大したのが下の写真

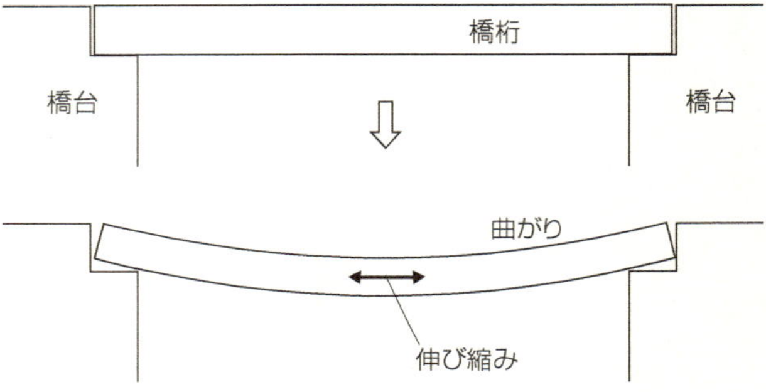

図12－2　橋の安定のために支承が必要(図は強調して描いています)

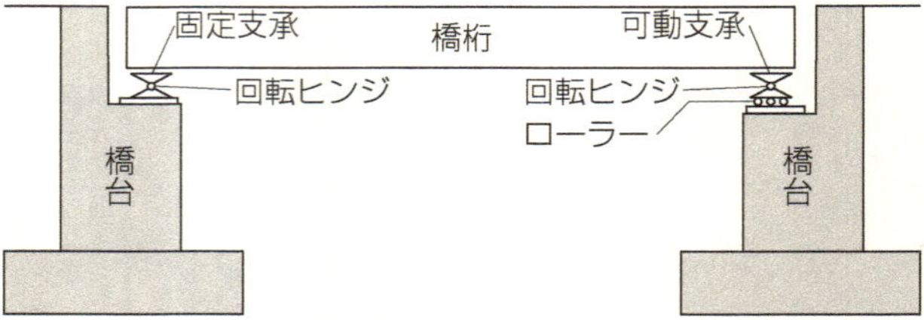

図12－3　支承（左側が固定支承、右側が可動支承）

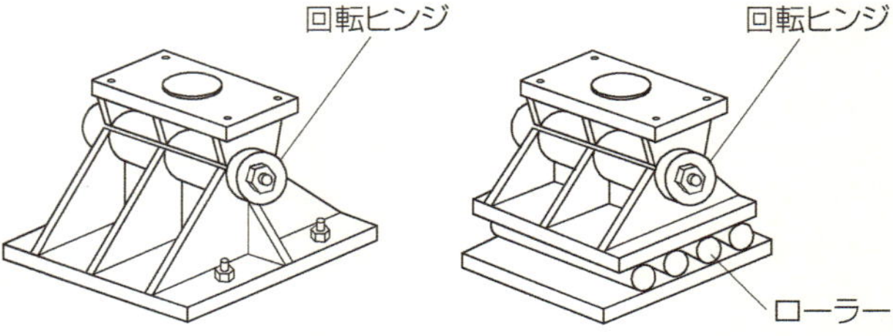

図12－4　固定支承（左）**と可動支承**（右）

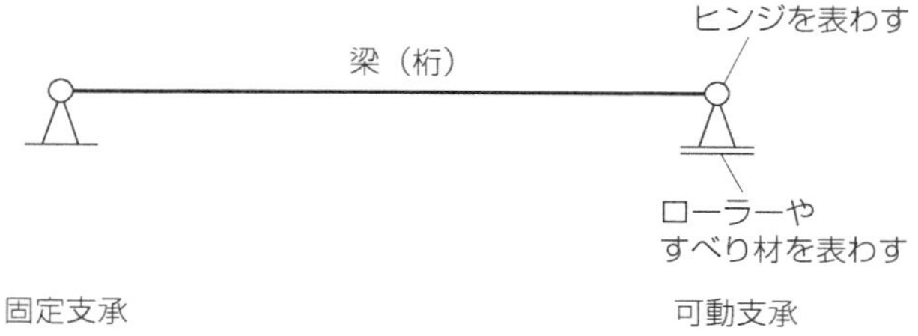

図12－5　支承を簡略化して表した図

写真12－2　港大橋の支承。人と比べると大きさがわかる

も「靴」という意味です。

支承のはたらきと、そのための工夫をまとめると次の通りになります。

●橋の重さを安全に橋台や橋脚に伝える

→大きな重さに耐えられるよう鉄でつくられることが多い

●橋の曲がりに応じられる

→橋が曲がっても対応できるよう、蝶番《ちょうつがい》のようになっている。これを「ヒンジ構造」（または「ピン構造」）という

●地震が起きても橋が動かないようにする

→支承の一方は橋と橋台を固定する。これを「固定支承」という（図12－４の左）

●温度変化による橋の伸び縮みに応じる

→支承の一方はスライドできるようローラーにしたり、すべり材をはさんで橋の長手方向に自由に動けるようにする。これを「可動支承」という（図12－４の右）

巨大な橋になると、写真12－２のように支承も巨大になります。

支承には橋に作用する全荷重が集中します。支承が橋の全荷重を支える点が、支点です。橋の設計図では、支承は図12－５のように簡略化して表します。

PART 2

橋をつくる

§13

橋脚を建設する

橋脚の４つの工法

さて、これからは設計された橋を実際に建設する方法を、具体的に見ていきましょう。設計のときは上部工から見ていきましたが、橋を建設する場合は下からつくりあげていきますので、下部工から見ていくことにします。まず、橋脚の建設です。

橋脚の建設は§12でも述べたように、海や川などの水中でおこなう非常に難しい工事です。そこには、人類が長い時間をかけて工夫してきた知恵がつまっています。

水中に橋脚をつくる方法には、大きく分けて以下のようなものがあります（図13－１）。これらのいくつかを組み合わせる場合もあります。

①の方法は、昔からよくとられた一般的なものです。しかし、橋の規模が大きかったり水深が大きかったりすると、困難な工事になりました。

②の方法は、多くは雨季を避けて渇水期におこなわれます。ただし大雨で増水すると危険で、また掘り下げると大量の水が出るので難工事になることが多く、大規模な橋には向いていません。

③の方法は、ごく一般的に用いられている工法です。

④の方法は、大規模な橋や、水深の深い川や海で用いら

①河川の中に石や土を盛ってその上に杭を打ったり、水上足場から杭を打つなどしてその上に橋脚をつくる

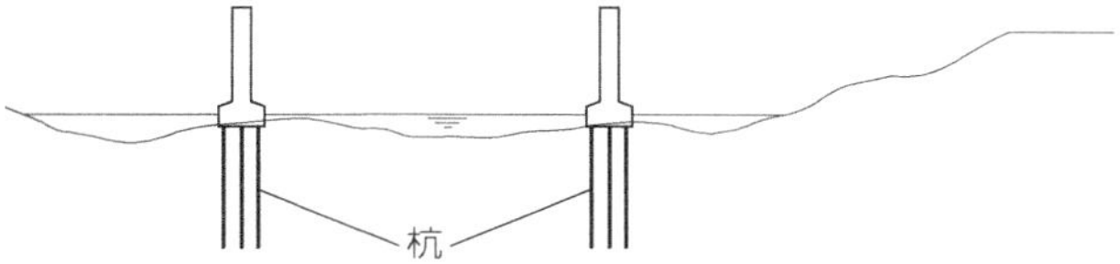

②一時的に川の流れを狭めたり川の流れを変えたりして、水がないスペースをつくって工事をする

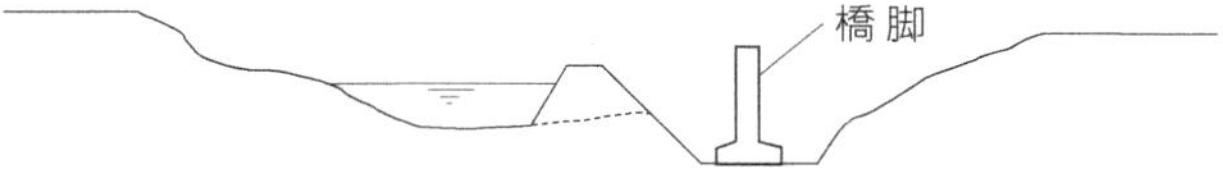

③川の中に水をせき止める壁を設けて、その中の水を汲みだして工事をする

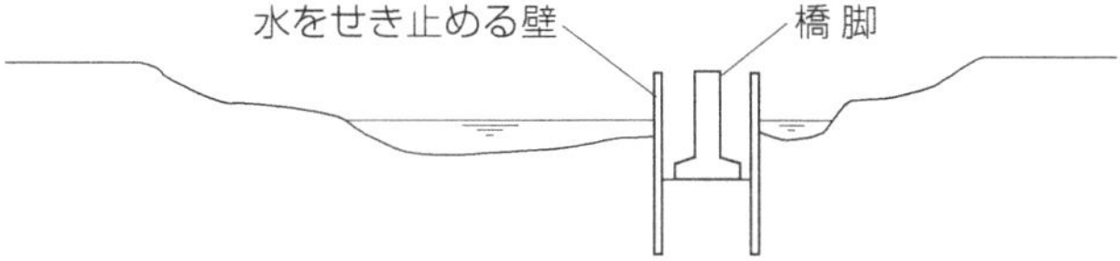

④コンクリートや鉄でつくったおおきな筒や函（ケーソンという）を沈めて、その中で工事をする

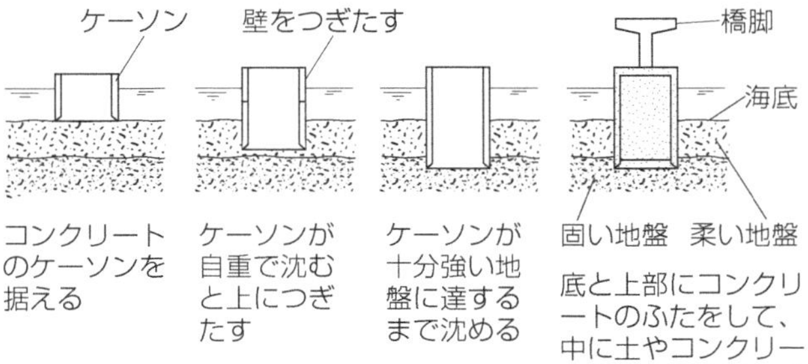

コンクリートのケーソンを据える
ケーソンが自重で沈むと上につぎたす
ケーソンが十分強い地盤に達するまで沈める

底と上部にコンクリートのふたをして、中に土やコンクリートなどを詰める。その上に橋脚をつくる

図13－1　水中に橋脚をつくる方法

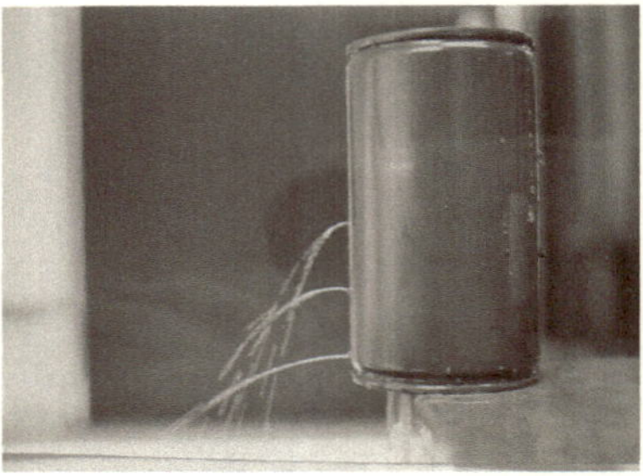

写真13－１　缶から噴き出す水の勢いは穴の上下で違う

れることが多い工法です。

ダイビングをする人には経験があると思いますが、水中に２mほど潜っても、かなり大きな水圧を感じます。写真13－１のように、飲み物の缶に2.5cmの間隔で穴を開けて、水を入れてみました。穴からは水が噴き出しますが、上の穴と下の穴では水の噴き出す勢いが違います。缶の下の穴ほど大きな水圧がかかっているので、噴き出す水の勢いが大きいのです。わずか2.5cmの差でも、こんなに水圧は違うのです。

水１m^3の重さは１tもあります。２m潜ると１m^2あたり２tの重さになります。この水圧が、水中での工事を大変困難にしています。

危険が伴うニューマチックケーソン工法

人間は水中で呼吸できませんから、さまざまな水中作業のための設備や装具が考案されてきました。浴槽に逆さに沈めたコップの中には空気があります。この原理を利用して、中世のヨーロッパでは、ダイビング・ベルという重い釣鐘のようなもの（図13－２）に入って、沈没船からの宝の引き上げなどをしたようです。宇宙服のような潜水具も盛んに使われましたが、きゅうくつで作業がしづらく、できる作業の量は限られていました。そこで、できるだけ陸上と同じ環境をつくるよう努力が払われた結果、考え出された工法のひとつがニューマチックケーソン工法です。「ニューマチック」とは圧縮空気という意味です。

図13－2　ダイビング・ベル

コンクリートや鉄でつくった大きなケーソンを据えて、高圧のケーソンの中で川底や海底の地盤を掘り下げます。掘削作業をするのは中に入っている人です。そのため作業する場所に水が入ってこないように、大きな水圧に負けない圧縮空気を送って、水を押し出すのです。掘り下げるにしたがってケーソンは自分の重さで地盤に食い込んで下がります。しっかりした地盤に達したら、作業室をコンクリートで埋めるなどして、基礎とします。

ニューマチックケーソン工法の手順は図13－3のようになっています。作業室は大きな水圧に押されても水が入ってこないよう圧縮空気が送り込まれて、気密室になっています。

ケーソンの中に人が入る手順は図13－4に示します。これは宇宙空間に出入りするのと似ています。ケーソン内部に入った人は、まずAで高気圧がケーソン全体に充満するのを待ちます（①）。ケーソンが高気圧で満たされたら（②）、Bに降りていきます（③）。

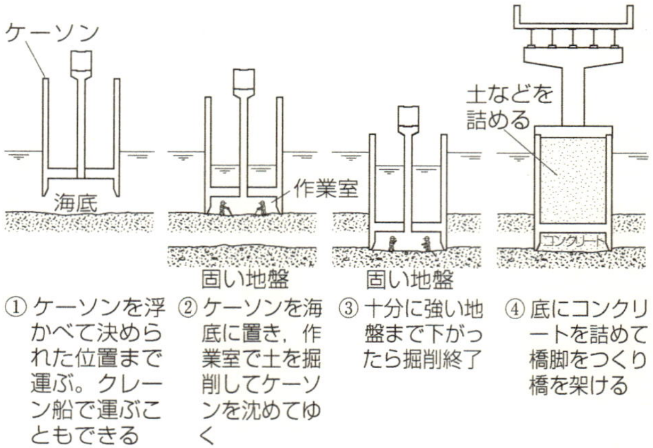

図13−3　ニューマチックケーソン工法の手順

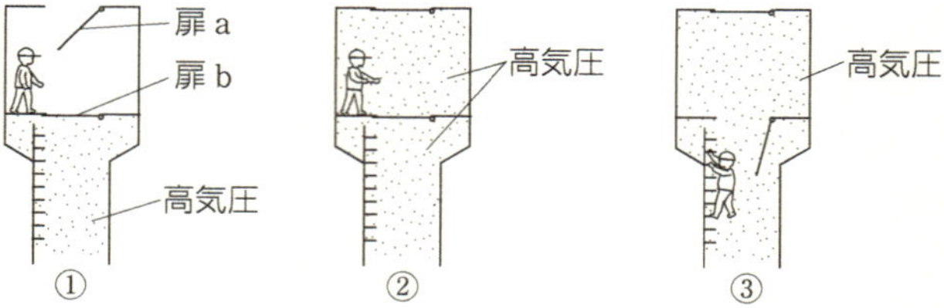

図13−4　ニューマチックケーソンへの出入りの手順

ところが、この工法には大変な不具合が起こることがわかりました。人が長時間高気圧の中にいると、血液の中に空気が溶け込んでゆきます。その状態でいきなり地上の通常の気圧の中に戻ると、ちょうどビールの栓を抜いたときのように、血液中に溶けていた空気が泡になります。この泡が毛細血管をふさいで、ときには死に至ることもあります。これが潜水病（ケーソン病）です。

写真13－２　ホスピタルロック（再圧室）

最初の頃はこの現象の理由がわからなかったのですが、原因が確かめられてからは、十分な対策がとられるようになりました。高圧下で作業をして気密室から通常気圧に出る場合は、Ａの部屋で徐々に空気の圧力を下げながら体をならすか、ホスピタルロックといわれる再圧室（写真13－2）に入るようになったのです。しかし時間をかけて少しずつ圧力を下げなくてはならないため、作業時間の数倍の時間がかかります。

現在ではこの方法は危険を伴うので、機械化が進められています。これからは、危険な作業は人間に代わってロボットがするようになるでしょう。

図13－５　明石海峡大橋の橋脚の大きさ

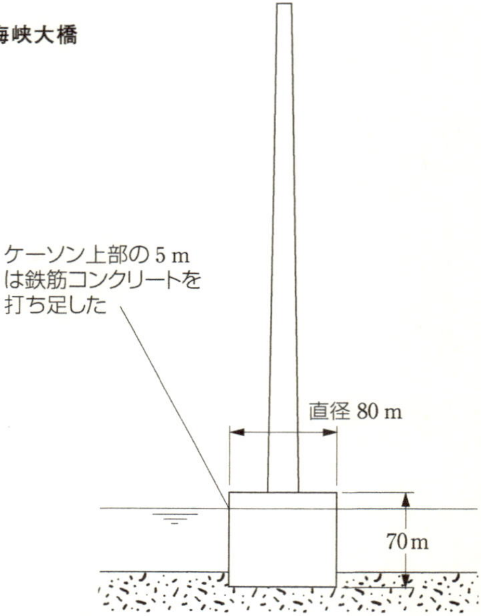
ケーソン上部の５m
は鉄筋コンクリートを
打ち足した
直径 80 m
70m

明石海峡大橋の設置ケーソン工法

ここで世界一の吊橋、明石海峡大橋の橋脚を見てみましょう。

明石海峡大橋の主塔は東京タワーにも迫る海上約300mの高さです。これを支える海中橋脚は、直径80m、高さが70mの円筒形をしています（図13－５）。平面積は約5000m^2で、テニスコートにして20面分、コンクリート体積は35万m^3にも達します。

見るからに、ずんぐりむっくりした大根足ですが、これは吊橋のケーブルから受ける巨大な力を塔および橋脚を通

じて地盤に伝え、さらに地震、風、潮流、波、船舶衝突といった外部からの荷重に対してもしっかりと安定させるた

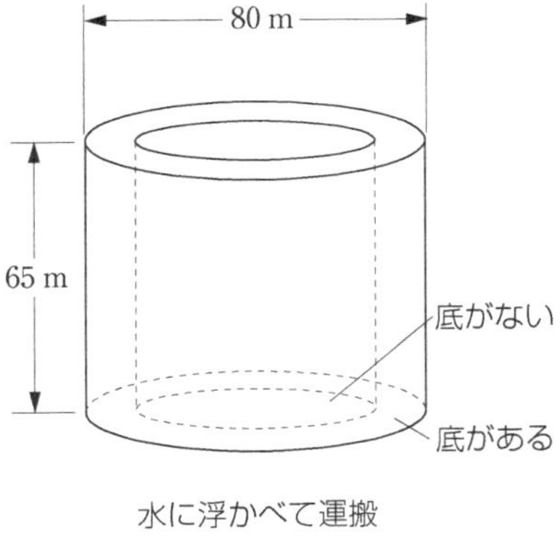

図13－6　ケーソンの模式図

写真13－3　重さ150tのグラブバケット

図13－7　設置ケーソン工法の手順

❶ 運んできたケーソンが決められた位置に傾かずに置けるよう海底を掘削する。強い地盤まで掘削したら，水平に整える。そのために，船の上から巨大なグラブバケットで土砂をすくいとる（写真13－3）

❷ 造船工場のドックであらかじめつくったケーソンを，海上に浮かべてタグボートで曳航する。曳航がスムーズにいくよう，何度も試運転を重ねて練習しておく。ケーソンは海に浮かぶよう，船のように二重構造にしてある

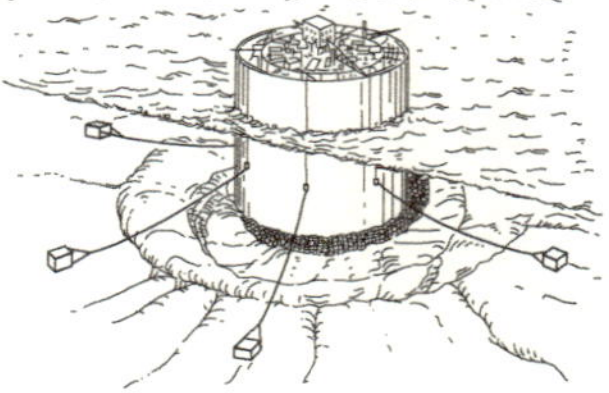

❸ ケーソンが現地に到着したら，二重壁の内部に海水をポンプで注入し，ケーソンを沈める。また，ケーソンの上に搭載したウィンチを操作して，定めた海底地盤に正確に沈める

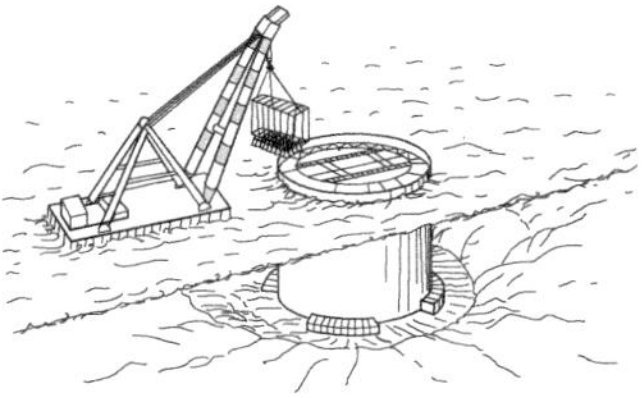

❹ ケーソンが海底にすわったら，強い流れで海底が削りとられて橋脚が不安定にならないよう，ネットに入れた石や重い石をケーソンの周辺に置く

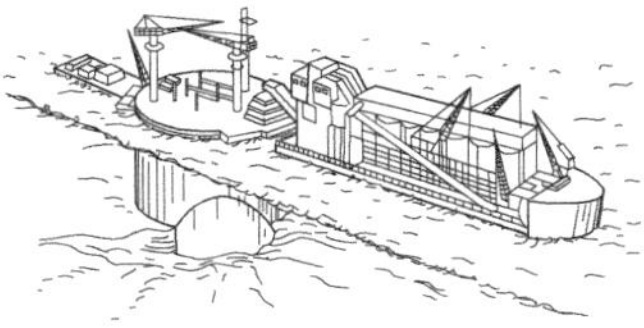

❺ ケーソンの中にコンクリートを詰める。コンクリートは新しく開発された特殊な水中コンクリートで，セメントと石が水中でばらばらにならないよう特殊な混和剤を添加している。コンクリートの投入は潮の流れが少ない時期を狙って，大型の台船の上に設けたコンクリート・プラントにより，1回につき9000m^{3}ものコンクリートを三日三晩かけて投入した。これを合計30回繰り返した

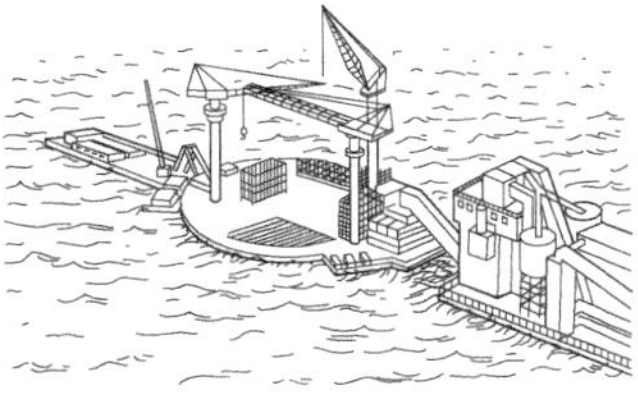

❻ 最後にケーソンの上部に，塔基部の鉄筋コンクリートを打設して完成

めに、必要な大きさなのです。

明石海峡大橋の橋脚の設計法、施工法は、1975年から土木学会をはじめ、建設省や旧国鉄、鉄建公団、本四公団が調査・研究を続けてきました。橋脚の下端は水深がほぼ60mのところに計画されましたが、ここでは水圧が1m^{2}あたり60tにもなります。これは小型自動車でいえばほぼ60台分です。しかも太陽の光がほとんど届かない暗闇なので、きわめて困難な作業になるのは明らかでした。

橋脚の施工法として、各種の案が考えられましたが、最終的には、瀬戸大橋でも用いられた、あらかじめドックでつくった鉄の巨大な筒（ケーソン）を運んできて据え、橋脚とする設置ケーソン工法が採用されました。ケーソンの模式図を図13－6に、設置ケーソン工法の手順を図13－7に示します。

図13－7に示した手順のうち、④で使われる石を入れたナイロンネットは、写真13－4のように船にたくさん吊り下げて運びました。写真13－5は完成して海上に顔を出した主塔基礎と、工事用の台船です。

橋脚のコンクリートと主塔は、鉄筋コンクリート内に埋め込まれたアンカー・フレームと呼ばれる鋼材で結合され、これにより塔の転倒を防止しています。

このように、設置ケーソン工法は水中での工事がほとんどないため、明石海峡大橋の基礎工事では安全に作業を進めることができました。

写真13－4　石を入れたナイロンネットを多数吊り下げて運ぶ船

写真13－5　完成した主塔基礎と工事用の台船

§14 洗掘と闘う

流されてばかりの橋

山口県岩国市にある錦帯橋は、世界的にも珍しい木でつくられたアーチ橋として有名です（写真14－1）。岩国市内を大きく蛇行して流れるその名も美しい錦川に、いまから300年くらい前に架けられました。大きく反った中央の3つの橋の両側に少し反りの小さな橋が1つずつ連なって、5連のアーチのように見えます。すべて木で組まれていて、橋を下から見上げると、その木組みの美しさは際立

写真14－1　錦帯橋

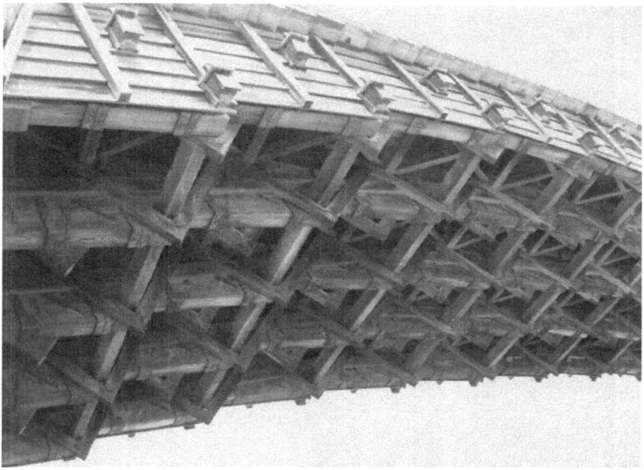

写真14－２　錦帯橋を下から見上げると

っています（写真14－２）。そして、その姿は架けられてから現在に至るまで、変わっていないのです。

岩国城主の吉川《きつかわ》氏は、1615（元和元）年の一国一城令によって、13年もかけて完成した岩国城の破却を命じられました。さらに山上の城も、ことごとく取り壊さなければならなくなりました。

そうした無念さを抱えた吉川氏にとって、城と城下町を結ぶ「不落の橋（落ちない橋）」を架けることは、ひとつの悲願でした。それまでに架けられた橋は何度も洪水で流されていたからです。流失のたびにさらに強い橋へと設計が変えられましたが、どんなに頑丈だと思って架けても、どうしても洪水に耐えることができませんでした。

当時の橋の建設技術では、幅の大きな川ほど、川の中に

写真14－３　洪水のあと橋に引っかかった流木（兵庫県出石川）

たくさんの橋脚を必要としました。ところが洪水が起きると、この橋脚にごみや流木がひっかかり、ダムのようなはたらきをして川の流れをさえぎります（写真14－３）。そこへ、大きな流木が直撃するため、橋脚が壊れてしまうのです（151ページの図15－２参照）。

第三代藩主の吉川広嘉《きつかわひろよし》は学問のできた人で、河川工事にも豊富な知識を持っていました。彼は〝不落の橋〟を架けるためには、橋脚を強くするのはもちろんですが、川の流れを妨げないように、橋脚をできるだけ少なくすることが必要だと考えました。

橋脚を少なくすると橋脚の間が長くなるので、長い橋を架けねばなりません。しかし材料の木の長さは限られていたうえ、その強さにも不安がありました。当時の技術では、ひとまたぎで架ける橋の長さには限界があったのです。

そこで、思いきった発想の転換が必要になりました。広嘉は自ら国内の橋を調べ、家来に橋の研究を進めさせました。やがて広嘉は、岩国を訪れた僧から中国の不思議な橋の絵を見ることになります。それは石のアーチ橋でした。広嘉はそれがヨーロッパ各地に古くから残る橋の手法であることを知り、これを採り入れることにしました。

広嘉は石を使わずに、木でアーチを組みました。ところが架けた橋は1年もたたずに流されてしまいました。流れに対して強い橋脚をつくったつもりでしたが、流木に壊されることはなくなっても、やはり洪水によって崩れてしまったのです。いったいなぜなのか、広嘉も頭を抱えたことでしょう。

不思議な水の流れと洗掘

水の重量は1 m^3あたり1 tという大きなものです。この水が川や海で大量に動き、移動するときの力は、はかりしれない大きさになります。そして、その動きはとらえどころがなく、たえず変化します。レオナルド・ダ・ヴィンチもこの水の動きには大きな関心を寄せて、図14－1のようなスケッチを残しています。

レオナルドも興味を持った水の不思議な動きとは、次のようなものです。

図14－2は水の流れのモデル図です。流れの幅はc、a、bの順になっています。しかし3点とも流れる水の量は同じですから、流れの幅が細いところでは、幅の広いところよりも同じ時間に多くの水を流さなくてはなりませ

図14－1　レオナルド・ダ・ヴィンチがスケッチした水流の図

図14－2　流れの幅が細いほうが流れは速くなる

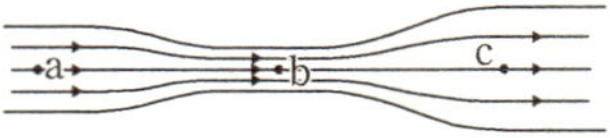

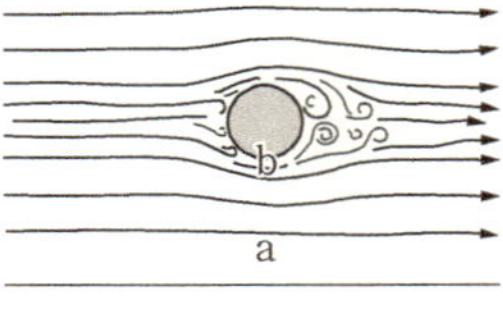

図14－3　橋脚にぶつかる流れは激しく乱れ、渦（カルマン渦）ができる（99ページ写真9－3参照）

ん。つまり流れの細いところでは流れの速さが大きくなるのです。したがって、ｂは流れが速くなり、一方、ｃはａやｂより流れが緩やかになります。

このことを踏まえて図14－3を見てください。流れの中の丸いものは橋脚です。このとき、ｂは橋脚によって流れ

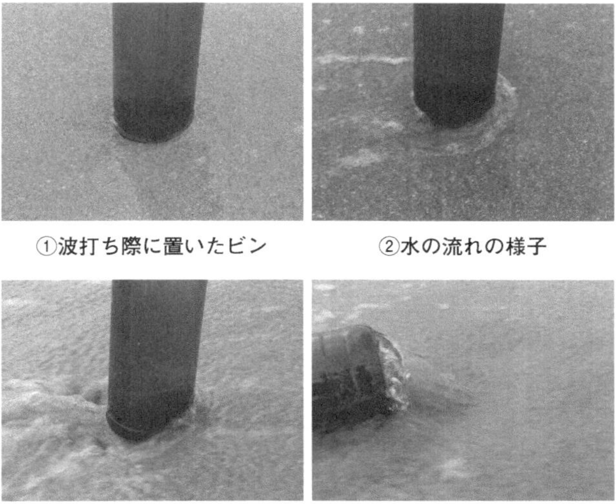

①波打ち際に置いたビン　②水の流れの様子

③激しい流れで洗掘が起きる　④倒れたビンのあった場所は砂が流されてへこんでいる

写真14－4　洗掘が起こる様子

が狭められているため、図14－２のようにａより流速は大きくなります。つまり橋脚にぶつかる部分のほうが、水の勢いが増すことになるのです。

しかも、水の流れが速くなることで橋脚の周りには図14－３のように渦ができます。橋脚の上流側でぶつかった水は、激しい流れとなって橋脚の周りで渦となり、橋脚の周囲の川底を削り、深く掘り下げてゆくのです。この現象を「洗掘《せんくつ》」といいます。

波打ち際の砂浜に立っていると、この洗掘の様子を観察することができます。引く波の速い流れが足の周囲の砂を洗い流してゆき、やがて足元の砂が崩れて足が動いてしまいます。写真14－４は波打ち際にビンを置いて、その様子を示したものです。

「石張り」の知恵

広嘉が最初に架けた木組みのアーチ橋は、１年もたたずに流されました。しかし、そのあと架け替えられてからは、1950年の台風による洪水まで、270年もの間、流されることはありませんでした。ついに広嘉は宿願を果たしたのです。

その秘密は、堅固な橋脚の石組みと、さらには川底のみごとな石張りにありました。

錦帯橋の橋脚の石組みは、組み合わせた石どうしがつながれて、みごとに補強されています。そして見逃せないの

写真14－５　洗掘から橋脚を守るために敷かれた川底の石張り

は、川底の石張りです（写真14－５）。この工夫によって、錦帯橋は洗掘を免れることができたのです。何度も橋が流される原因を、広嘉はついに突きとめたのでしょう。

これらは、当時最高の石組み技術を持っていた滋賀県大津市坂本の穴太《あのう》衆の仕事だといわれています。そして現在では多くの河川で、川底が水流で削られないようにコンクリートを張ったり、大きなコンクリートブロックを敷き詰めたりと「床固め工」と呼ばれる手当てがされています。

なお、このように川底を固めて洗掘を防ぐ手法は、§13で述べた明石海峡大橋の橋脚建設における、たくさんの石をネットに入れて沈めて橋脚の周囲を固める方法と考え方はまったく同じです。

吉川広嘉は新しい錦帯橋が完成すると、わずか２年後に他界しました。錦帯橋は1950年に流されたあと復旧し、手厚い管理によって守られてきましたが、さすがに木の老朽化には勝てず2004年に架橋当時の伝統を維持しながら架け替えられました。しかし、いまも変わることなくその美しい姿を錦川に映しています。

もしこの橋を渡る機会があったら、ぜひとも橋の下から木組みの美しさを見上げ、川底の石張りを眺めて先祖の苦心と知恵に思いをはせてください。

§15

「流れ橋」「潜り橋」「浮き橋」

日本人ならではの「流れ橋」

錦帯橋の次は、少し変わった橋をご紹介します。橋脚が橋を支えているのであれば、橋は流れても橋脚だけ残ればいい、という大胆な発想にもとづいた橋です。

わが国は昔から洪水が多く、橋の流失は数知れませんでした。そのおもな理由は急峻な地形と降雨の多さですが、日本の橋のほとんどが木の橋だったこととも無縁ではありません。

材料が木材であった時代は、長く大きな橋を架けるには流れの中に橋脚が必要でした。また、桁が流されないように橋脚を高くするのにも限界がありました（図15－１）。そうした理由で、洪水のたびに流木やゴミが橋脚を傷つけ、水かさを増した流れが橋桁を流してきました。橋が流

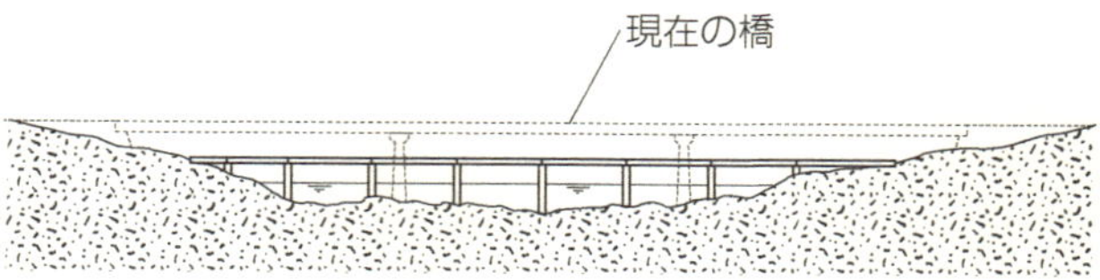

図15－１　昔の橋は桁の長さに限界があり、橋脚の間隔が短く、橋脚を高くすることもできなかった

図15－２　洪水時には橋がダムに　橋脚が傷つき、橋桁が流され、流れないときは堤防が決壊することもあった

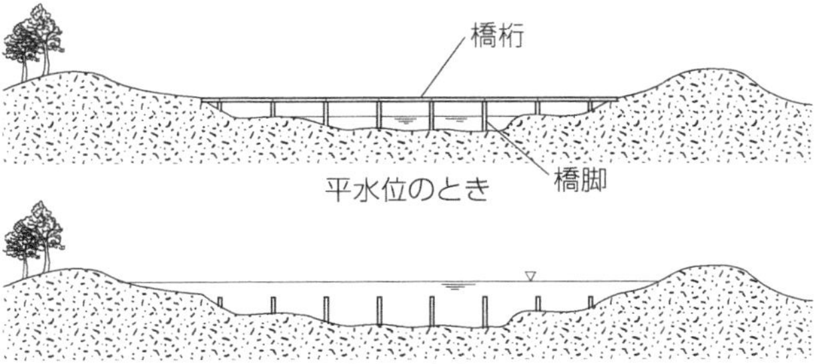

図15－３　平水時と洪水時の流れ橋　洪水のときは橋桁が浮いて流れるが、ワイヤーロープでつながれているのでまた回収できる

れない場合は、橋がときにはダムのように流れを妨げ、水をせきとめました。その水がついには堤防を破壊して、氾濫することさえありました（図15－２）。

そこで、はじめから頑丈につくることをあきらめ、洪水時には流れてしまっても、水が引いたらまたつくりなおせ

写真15－１　上津屋橋（京都府）

写真15－２　ワイヤーロープでつながれた橋脚と橋桁

ばいいという「流れ橋」の発想が生まれました（図15－3）。これは日本独特の文化といえるでしょう。

写真15－３　2009年の台風18号による洪水で橋桁が流された上津屋橋（２点とも）

現代でも、この「流れてもかまわない」という考え方によってつくられた橋が存在しています。もっとも有名なのは京都府南部の木津川に架かる上津屋《こうづや》橋でしょう（写真15－1）。地元では、この橋のことを文字通り「流れ橋」と呼んでいます。

上津屋橋が架けられたのは1953年といわれ、橋がない間は船で渡っていました（上津の渡し）。この橋は上部構造が木なのに長さが356mもある、それだけでも珍しい橋です。桁は厚い木板ですが、両側に鉄の環があり、橋脚にワイヤーロープでつながれています（写真15－２）。橋板も橋桁も、橋脚に完全には固定されていないので、水が増えれば流されます（写真15－３）。しかし橋脚は残っていて、橋板も橋桁もワイヤーでつながっているのであとで簡単に回収することができます。

記録によると、この流れ橋は完成以来、すでに８回も流れていて、そのたびに修復されてきました。ただ最近は、修復のための工事費などが高騰しているため、半永久的に使えるコンクリートの橋に架け替えたほうが経済的ではないかという意見も出ているそうです。しかし地元の人たちの努力で、いまなお存続しています。

あっさり沈む「潜り橋」

流れ橋のほかにも、自然に逆らわないという思想のもとにつくられている橋があります。潜《もぐ》り橋（潜水橋、沈下《ちんか》

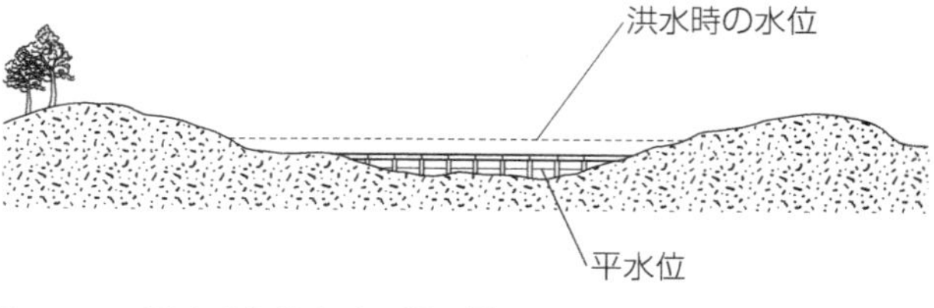

図15－４　平水時と洪水時の潜り橋　洪水時の水位で橋は水没する

写真15－4　四万十川（高知県）の潜り橋

写真15－5　法音寺橋（広島県）　右は洪水で流されたあと

橋）といわれているものです（図15－４）。
これは、洪水で川の水位が上がるとあっさりと水没してしまう橋です。橋桁は水の流れを妨げないようきわめて単純な構造になっています。ただし、川に流されないように、石やコンクリートなどの重い材料が使われています。
潜り橋は全国各地にありますが、その数では日本一といわれるのが、高知県南西部を流れる四万十《しまんと》川です。四万十市、四万十町、中土佐町、津野町、檮原町の５市町村を経て、河口まで196kmを流れるこの川では、潜り橋もたくさん見つけることができます（写真15－４）。
広島県福山市街を貫通して流れる芦田川に、法音寺《ほうおんじ》橋という橋がありました。この橋も潜り橋ですが、写真15－５を見ると、流れ橋の働きもあわせ持っていたことがわかります。

古くて新しい技術「浮き橋」

「変わり種の橋」の話のついでに、もうひとつ紹介します。これは、なんと「橋脚がない（！）」橋です。
水深が深いところでは、当然ながら橋脚の建設は困難です。そのようなとき、従来の橋の形にとらわれず、「水中の物体は、その物体が押しのけた水の重量だけ軽くなる」というアルキメデスの原理にもとづき、船のように浮力を利用して橋を浮かべる方法が考案されました。これが「浮き橋」です。
浮き橋は4000年前ごろに「船橋」として現れたといわれています。これは船を並べて、その上に板を載せてつないだもので、おもに軍事目的に使われてきたようです。たとえば古代ペルシャのクセルクセス王は、BC480年、ダーダネルス海峡に300隻以上のボートを用いた船橋を２本、平行に架けて、ギリシャに攻め入りました（図15－５）。日本でも図15－６のような船橋が利用されたという記録が残っています。

アメリカ・ワシントン州のシアトルには、1940年に第１ワシントン湖橋が完成して以来、1963年に第２ワシントン湖橋が、1979年にフッドキャナル橋（写真15－６）が、そして1989年に第３ワシントン湖橋が架けられました。これらはフローティングブリッジと呼ばれ、図15－７のように

図15－５　古代ペルシャのクセルクセス王が架けた船橋

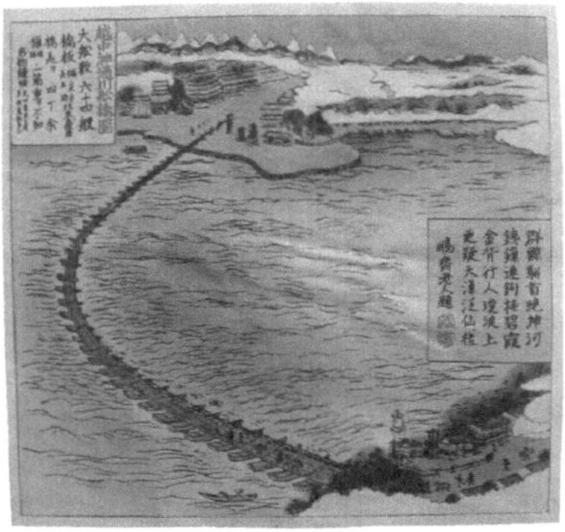

図15－６　神通川の船橋

写真15－6　フッドキャナル橋の全景

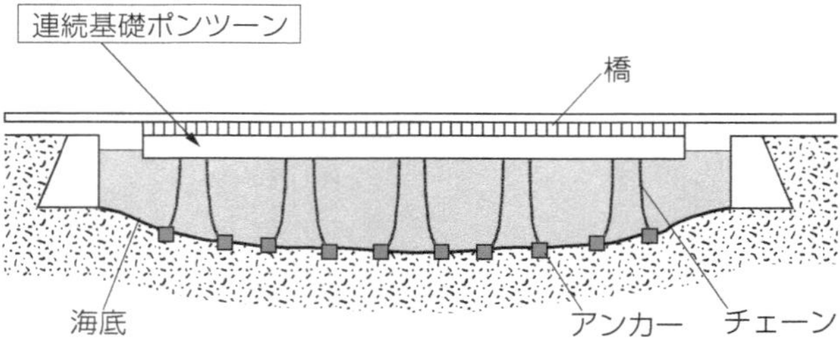

図15－7　フッドキャナル橋の構造の概略図　連続基礎ポンツーンと呼ばれる形式

橋脚を持たず、橋桁は「ポンツーン」という内部が空洞の船のような構造になっていて、水に浮くようにできています。この橋桁をチェーンとアンカーで水深104mの湖底につなぎとめるしくみになっていて、この形式を連続基礎ポンツーンといいます。

写真15－7　アーチ状に曲がった立体トラス構造のベルグソイスント橋

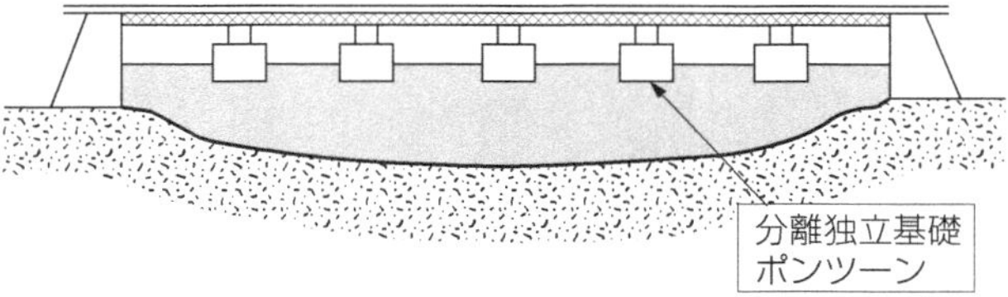

図15－8　ベルグソイスント橋の構造の概要

また、日本と同じように長い海岸線を持つ海洋国ノルウェイは、無数の深いフィヨルドが陸地に深く切れ込んでいて、目の前に見えている対岸でも、行こうとすれば大回りをしなくてはなりません。この海峡を横断して渡ることは人々の悲願でした。そこで考えられたのが浮き橋です。

1992年、ノルウェイで最初に架けられた浮き橋は写真15－7のベルグソイスント橋で、水深320mのフィヨルドの海峡をまたぎ、独特の曲線を描いています。立体連続トラスで全長は845m、上空から見ると海面に浮かぶアーチのようです。その構造は図15－8のように分離独立基礎ポンツーンと呼ばれる形式を採用し、ポンツーンは海底につながれていません。

1994年には同様な形式の浮き橋でさらに全長が大きいノルトホルトランド橋も、ベルゲンの近くで完成しています。この海峡は幅が1600mで深さが500mもあります。

ベルグソイスント橋やノルトホルトランド橋の上に実際に立ってみましたが、浮いていて、しかも波が立っているのに、振動や動揺をほとんど感じませんでした。

日本でも大阪港の人工島である夢洲《ゆめしま》と舞洲《まいしま》の間に、アー

写真15－8　港大橋を背にした夢舞大橋の全景

チ形の浮き橋が架けられました。夢舞《ゆめまい》大橋です（写真15－8）。主航路が災害などで通れなくなったときに国際航路として大型船舶を通過させる必要性からいろいろと比較検討された結果、世界でも珍しい「旋回式」の浮き橋が誕生したのです。橋が大型船の通過の邪魔になるときは、ドア

写真15－9　海上に浮かべられて運搬される夢舞大橋

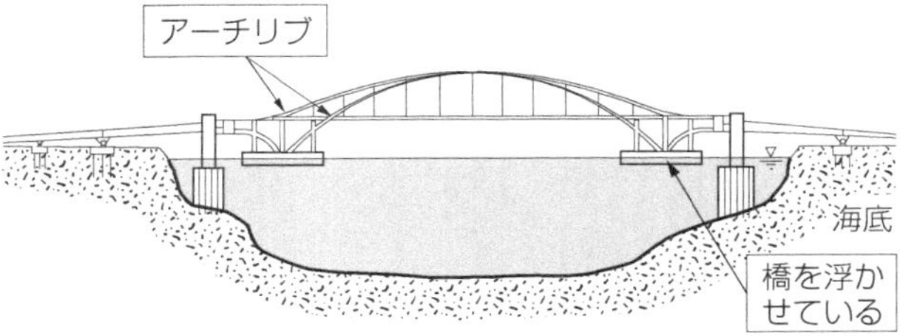

図15－9　夢舞大橋の構造の概略図

のように旋回して、船を通すことができます（214ページ参照)。この橋は船のようにドックで建造されたあと、海上を浮かべて運ばれました（写真15－９)。夢舞大橋の構造は図15－９のようになっています。

浮き橋に適した場所は、かなり限られてはいます。まず波や海流の穏やかなところ、そして水量が豊かで、しかも水位がある程度一定のところです。まだ「脚つき」の橋ほどの実績はありませんが、今後、地球温暖化が進行して海面が上昇したときは、ノアの方舟ではありませんがその価値が評価されるのではないでしょうか。

コラム

橋姫の物語

日本人は橋を女性的なイメージでとらえていたように思われます。

日本の橋は、自然の猛威の前にはまことに頼りなく、か細い存在でした。浮き橋や流れ橋のように、自然に逆らわず、それでいてしたたかに生き残る術を身につけている橋に、日本人は女性らしさを感じたのかも知れません。

しかし一方で、橋に宿る神は不気味で、嫉妬深く、その意に沿えば幸福を授けてくれますが、ひとたび意に反するとおそろしい災いをもたらすという、「橋姫伝説」がいくつも残っています。

柳田国男は、「橋姫」は日本各地で古くから伝えられる産女《うぶめ》という妖怪に結びつくと説明し、橋姫はもともとは境界を守る神で、男女二柱の神だったと推論しています。川が村落の境界になっているところは多く、そこに架けられた橋は、村落の出入りには避けては通れない場所です。住民が村を出ていくとき、道中の安全を祈り、また外からの侵入者を防ぐために、境界を守る神を祀ったのがはじまりでしょう。

橋姫の伝承では京都の宇治橋のものがもっとも古く、かつ有名です。その地元では、縁結びのときに宇治橋を渡ると橋姫の妬《ねた》みによって添いとげられないため、船で渡ったとされています。

妬みの神としての橋姫の起源譚《きげんたん》には『平家物語』「劍之巻」に次のような話があります。

ある公卿の娘が、男に捨てられたのを怨《うら》み、７日間、貴《き》船《ぶね》神社に籠《こも》ります。そして「生きながら鬼にしてほしい、怨みに思う女を取り殺したい」と神に祈ります。貴船の神は「本当に鬼になりたければ、姿を変えて宇治の川瀬に21日間漬かるがよい」と託宣します。

そこで女は、長い髪を５つに分けて松脂で固め、顔には朱を塗り、頭に金輪をかぶってその３つの足すべてに松明《たいまつ》をくくりつけ、さらに口にも両端に火をつけた松明をくわえるや、大和大路を南へ向かって走りました。こうして宇治川に21日間浸かり続けると、とうとう鬼になりました。これが宇治の橋姫だともいわれています。

能楽「鉄輪《かなわ》」に登場する橋姫の面《おもて》

この宇治の橋姫は、境界を守る神ではなく、恋の嫉妬に苦しむ女性の化身とされています。やがて、しだいに王朝文学風に脚色されてゆき、「人を待つ女性」という性格が強くなっていきます。このような橋姫の姿は、平安貴族の文学的想像力によってつくり出されたもので、『古今和歌集』の歌などがさらにそのイメージを定着させることになったと思われます。

そうした「橋姫像」を強く印象づけたのは『源氏物語』の「宇治十帖」でしょう。薫の君を中心に展開される物語の第一帖が「橋姫」と名づけられているのは、これから始まる物語の内容を暗示しています。こうして時を経るにつれて「宇治の橋姫」は歌人たちの共通語となり、橋姫は「愛《は》し姫」に変化していきました。

§16 上部工の工法さまざま

ここまで下部工の工法を見てきましたが、ここからは上部工です。

上部工の工法は架けられる場所、使われる材料、橋の規模、予算などによってさまざまですが、ここでは代表的な工法を紹介していきましょう。

鋼橋のさまざまな工法

まず鋼橋です。橋の架設現場にクレーン車やクレーン船が入れないときが、工夫のしどころになってきます（日本道路協会『鋼道路橋施工便覧』を参考にしました）。

①ベント架設工法

クレーン車が架設現場へ入ることができて、橋桁の下に

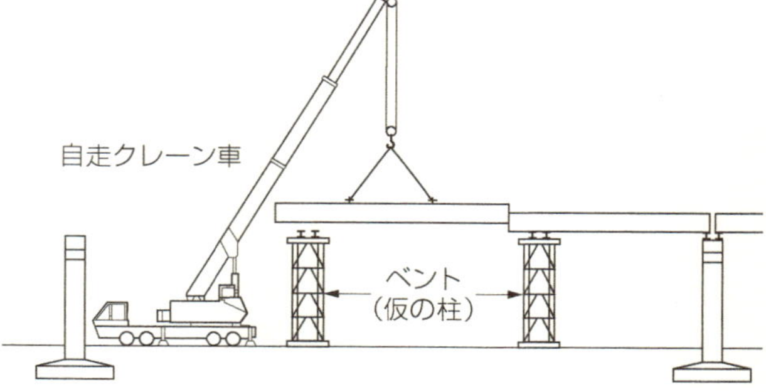

図16－1　ベント架設工法

「ベント」と呼ばれる仮の支えの柱が設置できる場合に用いられます。クレーン車で桁を橋脚などに直接設置していきます（図16－1）。橋桁どうしをつなぐ方法は図16－2に示します。

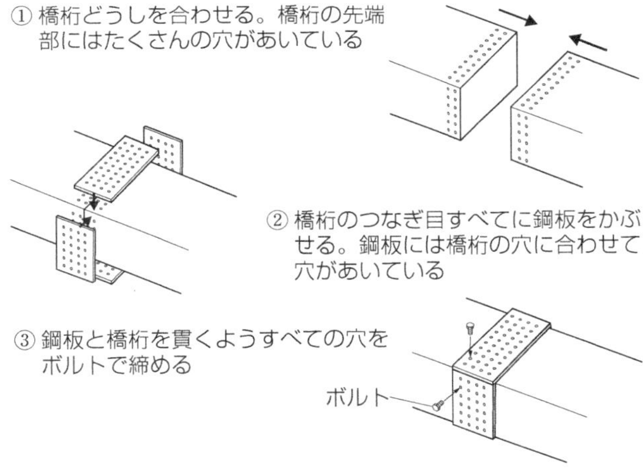
① 橋桁どうしを合わせる。橋桁の先端部にはたくさんの穴があいている
② 橋桁のつなぎ目すべてに鋼板をかぶせる。鋼板には橋桁の穴に合わせて穴があいている
③ 鋼板と橋桁を貫くようすべての穴をボルトで締める
ボルト

図16－2　橋桁どうしのつなぎ方

②斜吊《しやづり》工法

橋桁の下が流水や谷などでベント設置ができない場合に、「トラックケーブル」と呼ばれるロープウェイのようなケーブルを使って部材を運搬し、上部工を組み立てていきます。ここではアーチ橋を例に示します（図16－3）。

③フローティングクレーン工法

橋を架ける場所が水路で、水深が十分な場合に、クレーン船で橋桁を運んでいき、橋桁をひとまとめの大きなブロックにして、一括して架設します（図16－4）。また、船

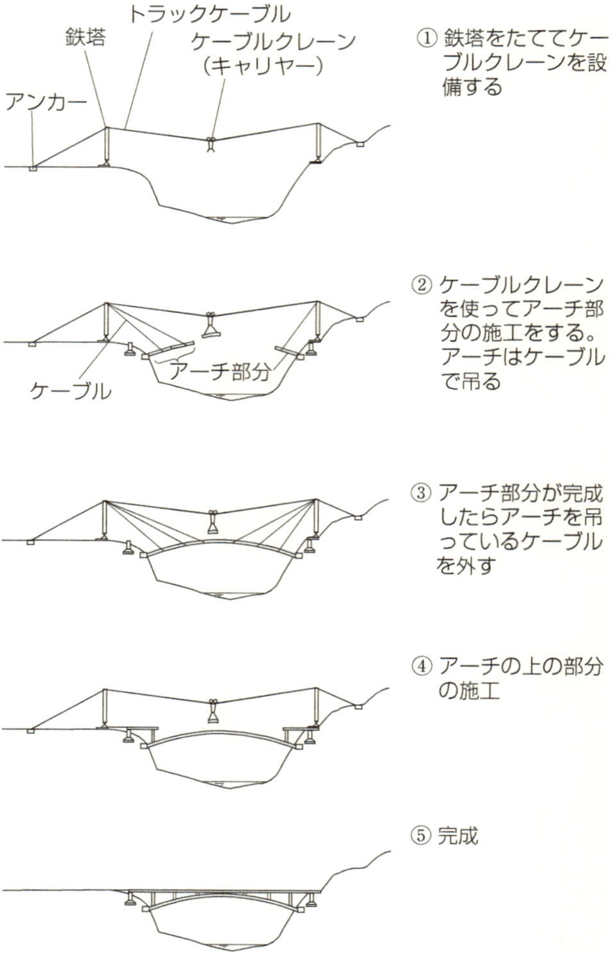
トラックケーブル
鉄塔
ケーブルクレーン
(キャリヤー)
アンカー
① 鉄塔をたててケーブルクレーンを設備する
ケーブル
アーチ部分
② ケーブルクレーンを使ってアーチ部分の施工をする。アーチはケーブルで吊る
③ アーチ部分が完成したらアーチを吊っているケーブルを外す
④ アーチの上の部分の施工
⑤ 完成

図16−３　斜吊工法

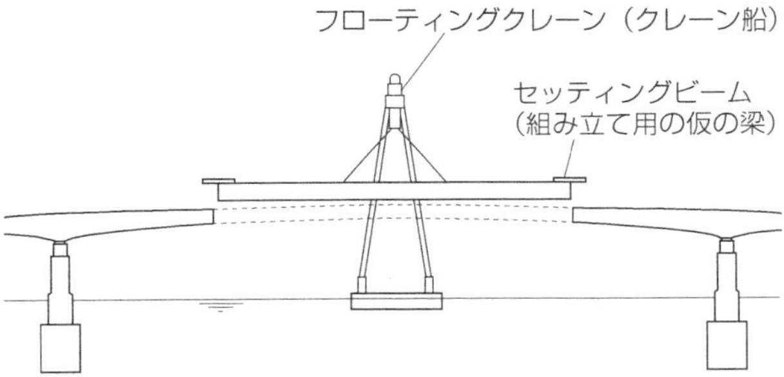

図16−4　フローティングクレーン工法

上での作業となるため揺れ対策として、橋桁どうしをつなぐ際はセッティングビーム（ビームは梁のこと）という仮の留め具を使います。

④片持ち工法

橋桁の下にクレーン車やクレーン船が入れない場合、橋桁を離れた場所で部分的に完成させ、移動可能なクレーンを使って少しずつ伸ばして架設する方法です（図16−５）。

⑤送り出し工法

やはり橋桁の下にクレーン車やクレーン船が入れない場合の工法です。橋桁を離れた場所で部分的に完成させ、レールの上の台車に載せます。台車の前方に手延機をつけ、橋桁を少しずつ連結させて手延機を前に押し出し、架設する方法です（図16−６）。§10で紹介したフランスのミヨー橋でこの方法が採用されました。

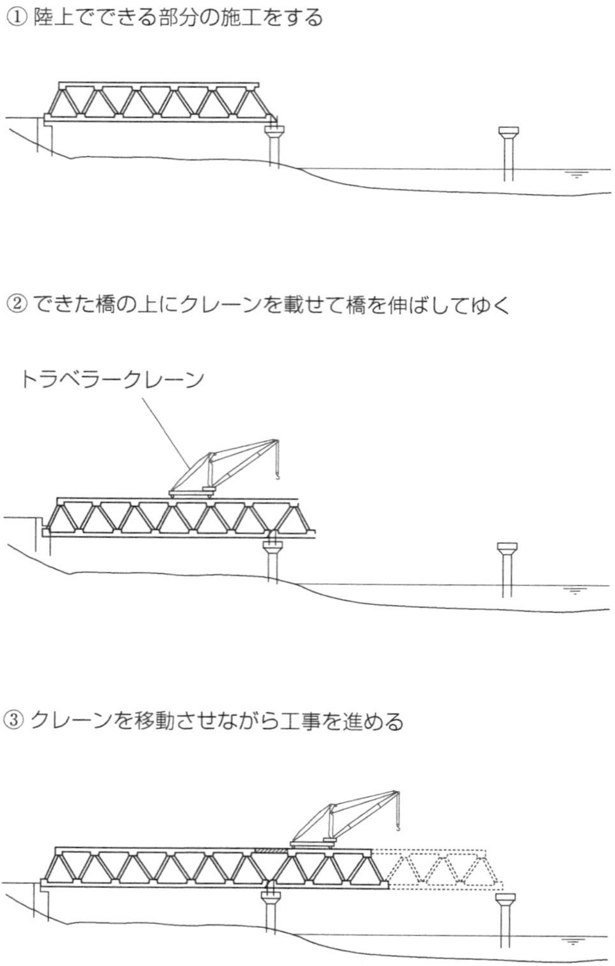
① 陸上でできる部分の施工をする
② できた橋の上にクレーンを載せて橋を伸ばしてゆく
トラベラークレーン
③ クレーンを移動させながら工事を進める

図16－５　片持ち工法

①橋台と橋脚をつくる

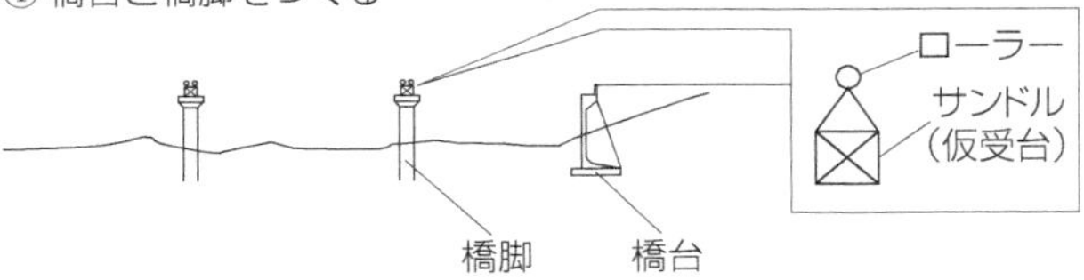

②手延機《てのべき》を組み立て桁の一部をつくる

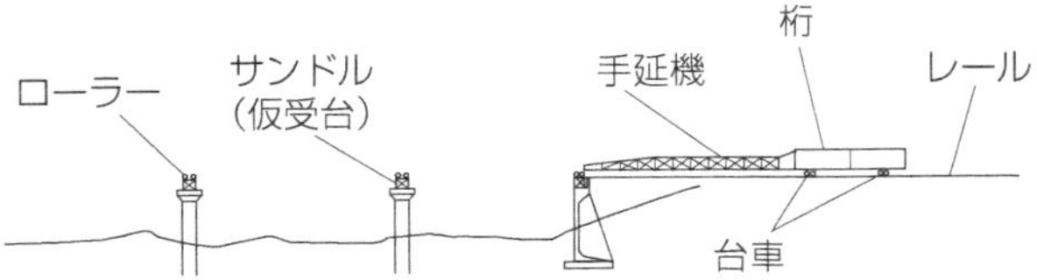

③桁をつぎたしながら押し出してゆく

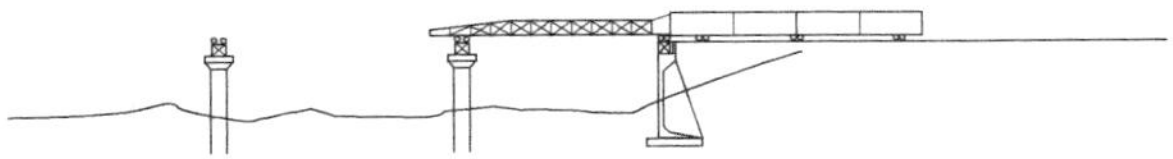

④すべて押し出して桁が架かると手延機を外し、サンドルを除く

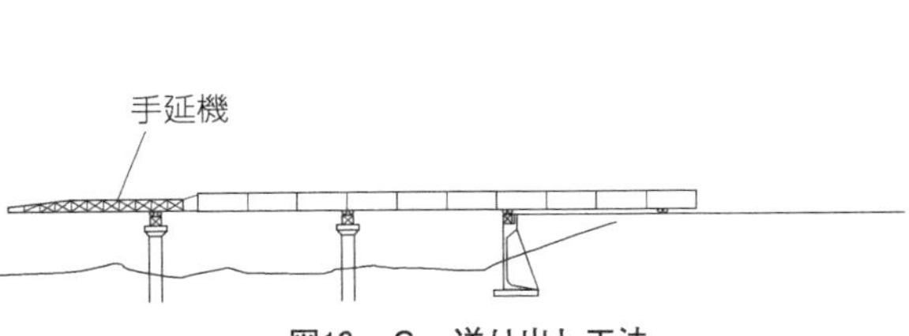

図16−6　送り出し工法

コンクリート橋の工法

コンクリート橋の場合、大きく分けて、架設ブロックを工場や現場で組み立ててブロック架設する「プレキャスト工法」と、コンクリート型枠を現場で組み立て、現場でコンクリートを型に入れる「場所打ち工法」があります。プレキャスト工法は鋼橋と似ていますが、場所打ち工法はコンクリート橋独特のものです。そこで、以下には場所打ち工法の例を示します（日本道路協会『コンクリート道路橋施工便覧』を参考にしました）。

①支《し》保《ほ》工《こう》架設工法

橋桁の下に「支保工」と呼ばれる仮の支えを設け、その上にコンクリートの型枠を組み立てて、そこにコンクリー

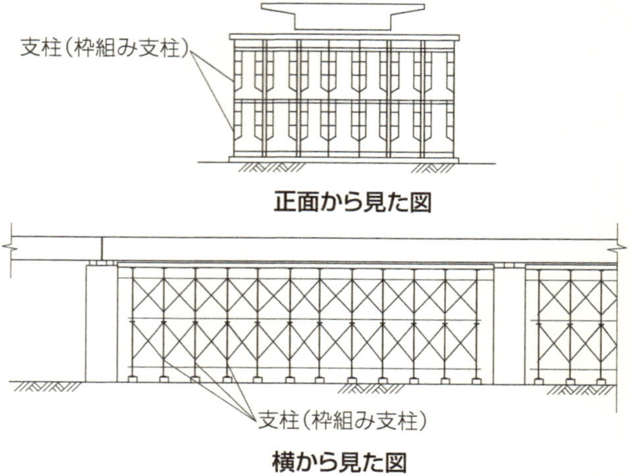

図16−7　支保工架設工法

①橋脚と橋台の施工

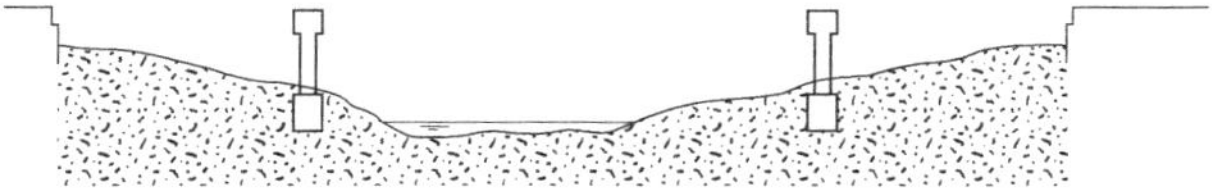

②橋脚上にトラベラーを載せて，コンクリートを打つ

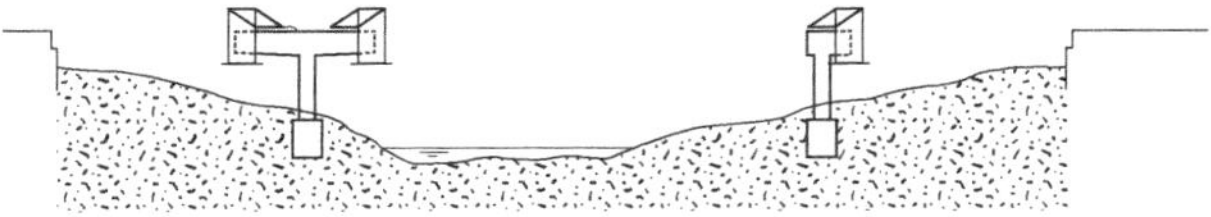

③橋脚を中央にして，バランスをとりながらトラベラーを移動してコンクリートを打つ

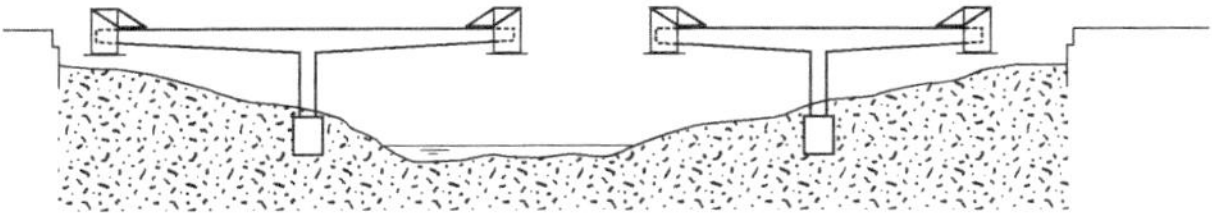

④完成

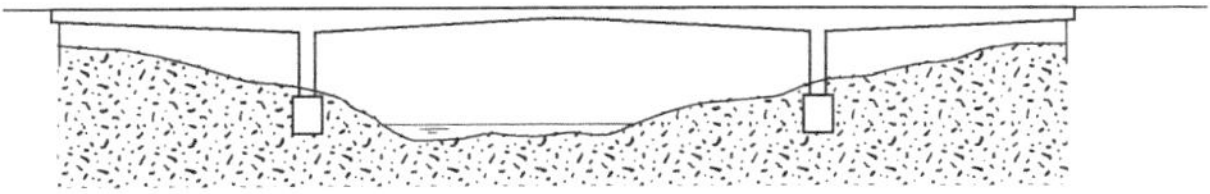

図16－8　張り出し工法

トを流し込みます（図16－７）。

②張り出し工法（移動型枠工法）

腕を少しずつ伸ばしてゆくような、特殊な方法です（図16－８）。トラベラーでは図16－９のように作業がおこなわれています。

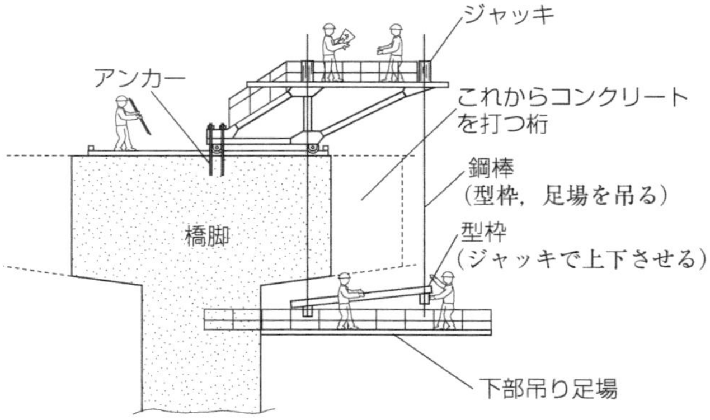

図16－９　トラベラーでの作業

§17 アーチの石はどう組むか

大切なのは「支保工」

次に、上部工の形式ごとに工法の違いを見ていきます。まずアーチ橋です。石造りの古いアーチ橋を見て、なぜこのような形に石を組めるのか、不思議に思われた方も多いのではないでしょうか。

熊本県には、国内最大級の石造アーチ橋がいくつかあります。1854年に完成した通《つう》潤《じゆん》橋《きよう》もそのひとつです（写真17－1）。写真の中の人と比べるとその大きさに驚きます

写真17－1　国内最大級の石造アーチ橋、通潤橋（熊本県）

図17－1　工事中の通潤橋（想像図）

が、しかもこのアーチはセメントも使わずに大小の石で組まれ、150年以上びくともせずに水路橋としての役目を果たしてきたのです。川の水面から20mくらいのところでアーチが組まれているのですが、いったいどうすればこのように組めるのでしょうか。

橋に限らず、大きな建造物をつくるときは、組み立てる材料を決められた場所に運んで固定しなければなりません。それはしばしば、とても高いところでの作業になります。そこで必要になるのが作業する足場であり、材料を一時的に支える仮受けの台です。これが§16でも説明した「支保工」です。いったん支保工を組めば、どんな高いところでも石を運んで据えることができます。石を組み上げてしまえば§８で述べたアーチの性質から、仮受けの台を取り払っても石は落ちてきません。

①支保工を組み立てる

②ブロックを積む

③両端から順番に組み立てる

④最後のブロックを組む

⑤アーチの形の完成

⑥支保工を解体する

⑦解体完了

⑧アーチの完成

写真17－２　アーチ橋を組み立てる手順

通潤橋の工事の様子を想像して描いてみました（図17－1）。完成して支保工を外すとき、棟梁（工事の総監督をする人）は、工事が失敗したときには自害するために白装束をまとい、懐に短刀をしのばせていたと伝えられています。

アーチの石を組み上げる手順を、モデル化して説明します（写真17－２）。

最後に最上部の石を据えることでアーチが完成することから、この石を大切な石という意味で「要石《かなめいし》」といい、英語では「鍵を握る石」という意味で「キーストーン」（keystone）といいます。

写真17－３　平木橋（兵庫県加古川市）

解体するときも支保工

兵庫県加古川市に写真17－３のようなアーチ橋があります。1915年に農業用水路としてつくられた平木橋という橋ですが、現在ではもう使われなくなり、新しい道路ができるとかえって通行の邪魔になります。しかし歴史ある美しい橋なので、ほかの場所に移設して保存することになりました。

橋を壊さず、また復元できるように解体するには、建設のときの逆の手順で作業をしなければなりません。そのため建設当時の図面も調べて、最適と思われる支保工を組みました（写真17－４）。アーチを組むための技術が、アーチを守るためにも役立ったのです。

①支保工を組んだところ

②アーチの解体

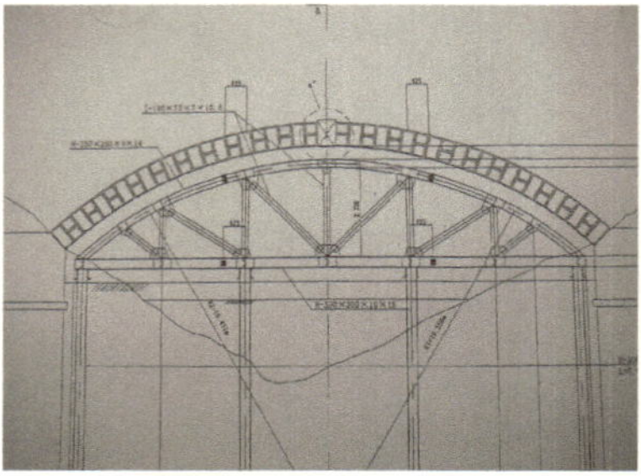

③支保工の設計図

写真17－４　平木橋の解体

§18 吊橋のロープは空を飛ぶ

太くて重いメインケーブル

次は吊橋です。吊橋の場合に気になるのは、あの長くて太いメインケーブルをどうやって岸から岸まで渡すのかということではないでしょうか。ここでも世界最長の吊橋、明石海峡大橋の例を見ていきましょう。

明石海峡大橋のメインケーブルは、直径5.23mmの鋼でできた素線127本を六角形に束ねたストランドを、さらに290本束ね、円形にした、直径1mにもなる巨大で強靱《きょうじん》なロープです（図18－1、写真18－1）。このように太くて

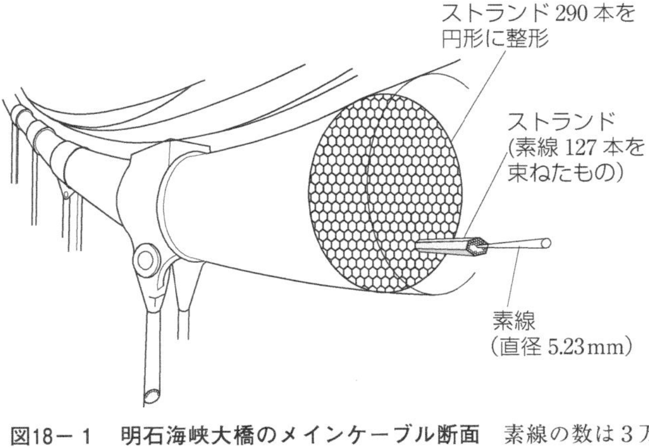

図18－1　明石海峡大橋のメインケーブル断面　素線の数は３万6830本

写真18－1　橋の科学館に展示されているメインケーブル断面

重いケーブルを、いきなり4000mも海上に張り渡すことはできません。

メインケーブル架設の手順

メインケーブルはどのように架設されるのか、その手順を図18－2に示します。

まず、船あるいはヘリコプターなどで、両岸の塔の間に細くて軽いパイロット・ロープ（写真18－2）を渡します（図18－2①）。

次にこのロープに、さらに太いロープを接続して引っ張ります。順々にロープの太さを増していくと、運搬用のホーリング・ロープになります（図18－2②）。

ホーリング・ロープによるスキー場のリフトのような曳索駆動装置ができると、次はキャットウォーク（空中吊り

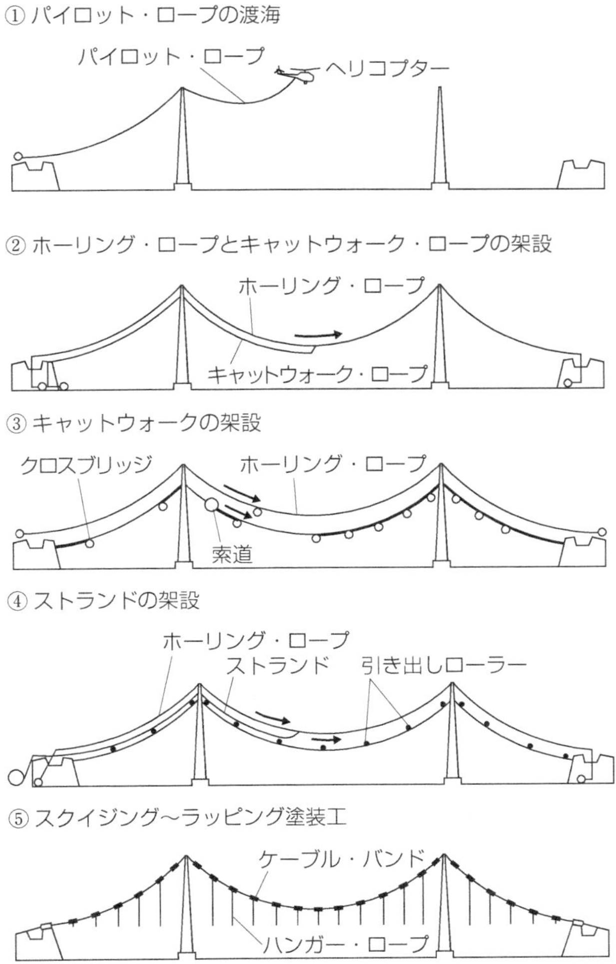

図18－2　明石海峡大橋におけるメインケーブル架設の手順

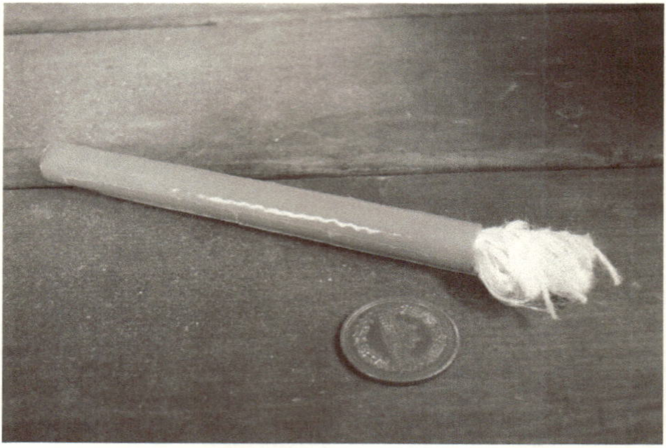

写真18－2　明石海峡大橋で使われたパイロット・ロープ

足場）の架設です（図18－2③）。

これはケーブル工事から補剛桁工事まで、橋の架設工事全般にわたって使用される足場で（写真18－3）、ケーブル工事では、このキャットウォーク架設がもっとも重要で危険を伴う作業です。「キャット」はもちろん、高いところでも平気で歩ける猫の意味です。

キャットウォークができあがったら、ストランドを架設していきます（図18－2④）。ストランドは前述のように素線127本を束ねたものです。ここで注意が必要なのは、気温の変化による素線のたるみ（「サグ」と呼ばれる）です。ストランドどうしのサグがまちまちだと、完成後に素線間の張力が不均等になり、場合によっては、素線が交錯してしまうこともあります。

そのため、素線間に温度差がなくなる夜間に、それぞれ

写真18－３　キャットウォークでのメインケーブル架設作業

のサグを測定して管理しています。

このようにして必要なすべてのストランドを架設し終えると、「スクイジング」という工程に入ります（図18－２⑤)。これはストランドを断面が円形の１本のケーブルに束ねていく作業です（写真18－４)。こうしてメインケーブルができあがると、ケーブル・バンドを所定の位置に取りつけ、さらにハンガー・ロープを取りつけます。ハンガー・ロープの長さは、メインケーブルが完成してその形状が定まってから決めて、工場で切断します。

メインケーブルが張り渡せたら、補剛桁の架設です。明石海峡大橋の場合は§16で紹介したフローティングクレーン工法と片持ち工法の併用で取りつけられました。

近年は橋の架設法も機械化が進み、大規模な橋が次々に架けられています。しかし、いくら機械化が進もうと、架

写真18－4　スクイジング作業

設作業に人の手が不要になることはありません。工事の先頭に立って働いているのは、橋梁特殊工や鳶工《とびこう》と呼ばれる人たちです。

彼らは高度な架設技術を持ち、十分な安全教育を受けた技術者で、命綱（腰に巻いた安全帯に取りつけたロープ）を巧みに操りながら、きびしい仕事に励んでいます。明石海峡大橋も、こうした技術者の力によって架けられました。

§19

巨大吊橋のミクロな世界

大きいから求められる精度

長大な橋を架けるのに適した吊橋には、もうひとつ知っておいていただきたいことがあります。技術が進んで橋が大きくなればなるほど、その工法はミクロの世界に近づいていくのです。

もう一度、明石海峡大橋を例にとります。この橋は、すでに繰り返し述べたように全長約4000mもある世界一の吊橋です。主塔の高さは300m、車両の通行部分を支える補剛桁の高さは14m、とにかく巨大ずくめです。

しかし、だからこそ、その工事は非常に精度よく進めなくてはなりませんでした。

たとえば主塔（図19－1）では、誤差は鉛直に対し6cmしか許されません。高さが300mですから、5000分の１以下ということになります。また、ケーブルは、工場製作段階での誤差は数千分の１しか許されず、それも架設現場ではさらに調節して２万分の１程度に収めなくてはいけません。

２万分の１もの精度が本当に必要なのかと思われるかもしれませんが、ケーブルは長大なだけにほんのわずかな誤差があっても影響は大きく、両側のアンカレイジに張り渡そうとしても届かなかったり、橋桁が下がりすぎて船が通

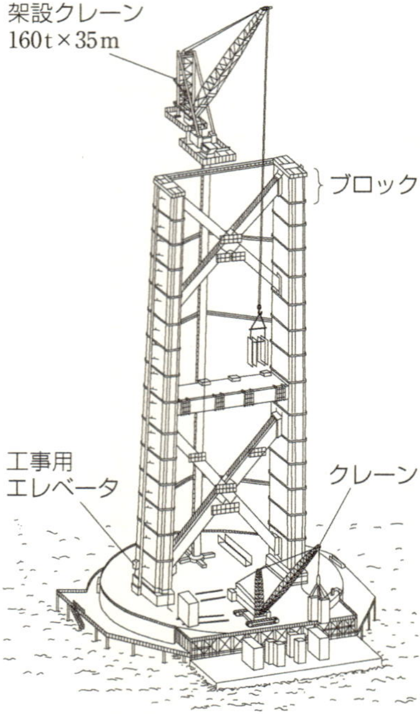

図19－1　建設中の明石海峡大橋の主塔　15段までブロックが積み重なったところ

れなかったりなどの、大変な事態を招きます。したがって、塔、ケーブル、桁などの部材の製造は、工場での精度管理がもっとも重要になるのです。

塔の場合は工事を進めるにあたって、300m分のブロックを30段に分割しました。そして分割されたブロックをたくさんのボルトを使ってつなぎ合わせ、上へ上へと積み重ねるわけですが、途中でわずかな狂いがあっても、それが重なれば塔の最上部になると大きく傾いてしまいます。ブ

写真19－1　ブロックの間に隙見ゲージを差し込んで、すき間の大きさを検査する

ロックの水平継ぎ手にはどうしてもわずかなすき間ができるのは避けられませんが、接触面の50％はすき間が200ミクロン以下に抑えられるように、ブロックの端を精密に削りました。まさにミクロの世界なのです。

写真19－1は、ブロックにどのくらいのすき間があるかを「隙《すき》見《み》ゲージ」を使って調べているところです。隙見ゲージは厚さ0.04mmの非常に薄い鋼板で、これによって上下のブロックの間にどれだけすき間があるかを検査できます。

見逃せない地球の曲率

いっぽう、橋脚となる海中基礎の工事も、明石海峡大橋では大変な精度のもとにおこなわれました。

明石海峡は最強潮流が７～８ノット（秒速3.5～４m）、

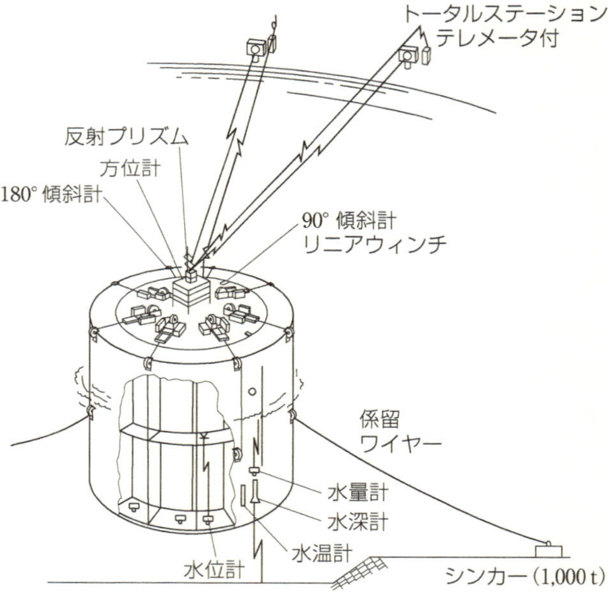

図19－２　ケーソンの位置決めシステム

橋脚を建てる場所の水深は60mにもなります。そこへ直径80m、高さ65mもあるケーソンを設置するのですから§13でも説明したように非常に大がかりな工事でしたが、ケーソンの設置位置の誤差はわずかに数cmという大変きびしい精度が要求されました。そこで活躍したのがケーソンの位置決めシステムです（図19－２）。

まず工事の日取りには、潮の流れが緩やかになる「小《こ》潮《しお》」の日を選び、潮の流れが逆転する「転流」と呼ばれる潮止まり前後の、潮流の小さい時間帯を利用しました。

　船で運搬するケーソンの海上での位置は、陸上から図19－２のように精密な測量器械で測量して、ケーソン側に知らせました。そしてケーソン上に備えられたコンピュータで、目標位置との狂いを計算し、ディスプレイを見ながらケーソン上のロープを巻き取るウィンチを操作し、最終目標位置へ持っていったのです。

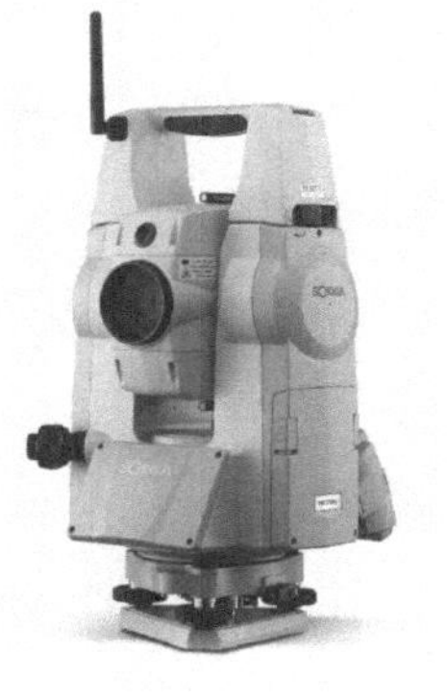

写真19－２　精密な測量器械

　海中基礎が設置されると、塔を建てる位置も高い精度であらためて測量されます。そして塔を固定するためのアンカーフレームを据えつけます。吊橋の中央支間の精度は、この作業で決まります。

　このときに注意すべきことのひとつに、地球の「曲率」の問題があります。

　たとえば図19－３のように、高さ300mの塔を左側に鉛直に建て、2000m離れたところに右の塔を鉛直に建てると、塔の上端と下端では水平距離にして約９cmの差が生じます。精度が要求される長大な橋では、この誤差は無視できない値です。このように長大吊橋は普通の橋以上に精度が要求されるため、たえず精度の高い測量器械で調べながら工事を進めなくてはなりません。

　現在は、距離と角度を高い精度で測るトータルステーションと呼ばれる測量器械が使われています。この器械は、

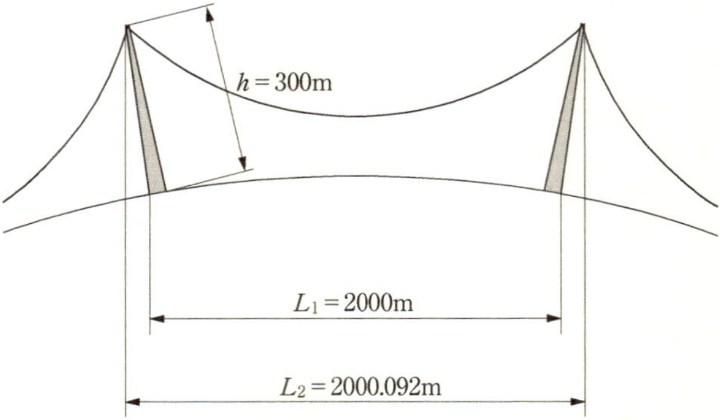

図19－３　地球の曲率により生じる誤差

距離については２kmに対し４mm程度の誤差内で、角度は１秒（１度の60分の１）でも測ることができます。さらに最近、0.5秒まで測れる器械も登場しました。

このように現代の吊橋には、巨大であるだけにミクロの精度が要求され、あらゆる場面で精度管理のために大変な努力がはらわれています。

§20 斜張橋の「やじろべえ工法」

バランスが大切な工法

最後に斜張橋の架設方法を見ていきましょう。この形式の橋にはユニークな工法が用いられています。

「やじろべえ」と呼ばれる木工玩具はみなさんもご存じかと思います（図20－１）。斜張橋には、この玩具を思い出させるところから通称「やじろべえ工法」と呼ばれる工法があるのです。§16では「張り出し工法」（移動型枠工法）として紹介したものです。

写真20－１がこの工法で工事中の斜張橋です。いかにも「やじろべえ」のような姿だと思われるのではないでしょうか。

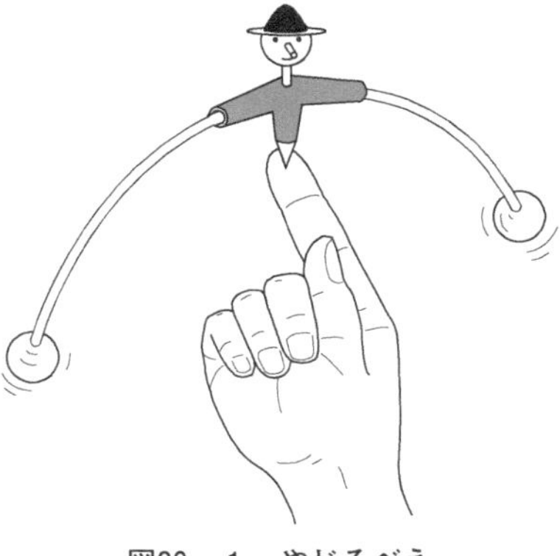

図20－1　やじろべえ

写真20－1　工事中の斜張橋

「やじろべえ工法」の手順

この工法は、196ページの図20－２のような順序で進められます。まず塔の右と左にそれぞれ、移動が可能な空中足場をつくって、少しずつ桁を張り出させながら組んでゆきます。その際には片方が進みすぎないように、左右のバランスをとって作業します。これが「やじろべえ」のように見える理由です。移動式の空中足場は「トラベラー」と呼ばれ、その中で桁をつくる作業をします。桁が張り出していくペースは通常、７～９日で３～４mですが、特別に大きな橋の場合は10～15mも進みます。

この工法の利点は、桁の上だけで作業ができるので、地面や水面上に工事用の足場を設ける必要がなく、工事中に

写真20－2　左右非対称のサンマリンブリッジ（静岡県）

橋の下を通る車や鉄道、船などの通行の妨げにならないことです。

ただし、この工法には、桁を張り出させていくと次第に自身の重みで桁が垂れ下がってくるという難しさがあります。これに対処するため、あらかじめ桁の先端を上に向けて工事を進めています。しかし塔が複数ある斜張橋では最後に隣の塔の桁とぴたりと合うようにするにはかなり難しい計算と技術が必要になります。かつて斜張橋の設計が吊橋に比べてはるかに難しいといわれたのは、こうした理由があったからです。

しかも斜張橋は、決して左右対称形ばかりとは限りません。たとえば静岡県の浜名湖に架かるサンマリンブリッジは、極端に左右が非対称な形をしていて見る者の目をひきます（写真20－２）。このような橋の設計・施工にはさらに特別な配慮が求められます。

① 橋を架ける位置を決める

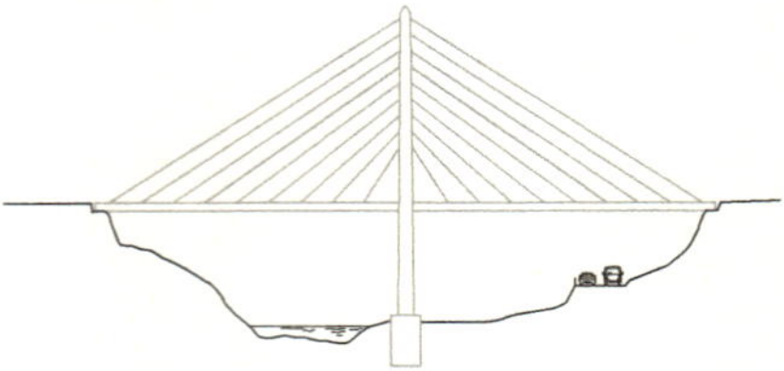

② 塔の基礎をつくる

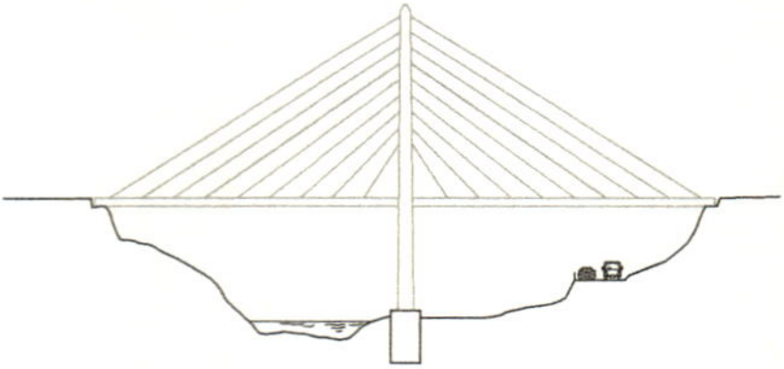

③ 塔をつくる。塔は途中まででもよい

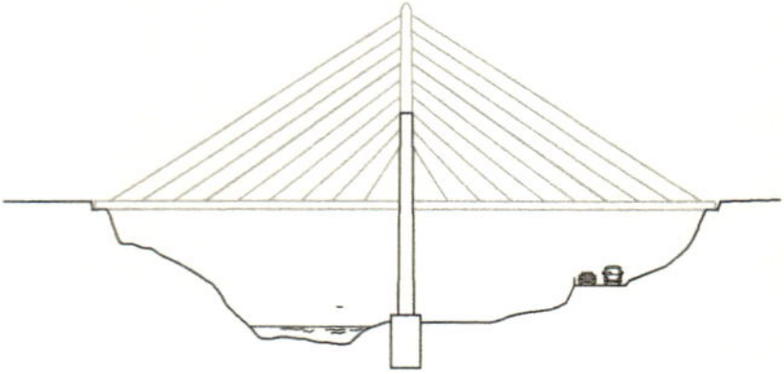

④ 最初の桁をつくる

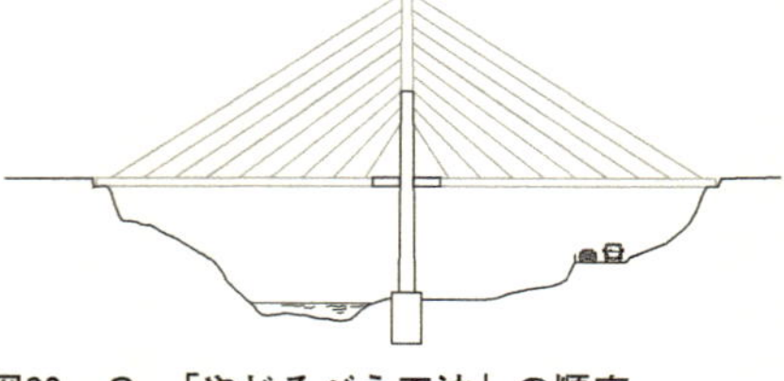

図20−２　「やじろべえ工法」の順序

⑤ 橋を伸ばす。塔も伸ばしてゆく

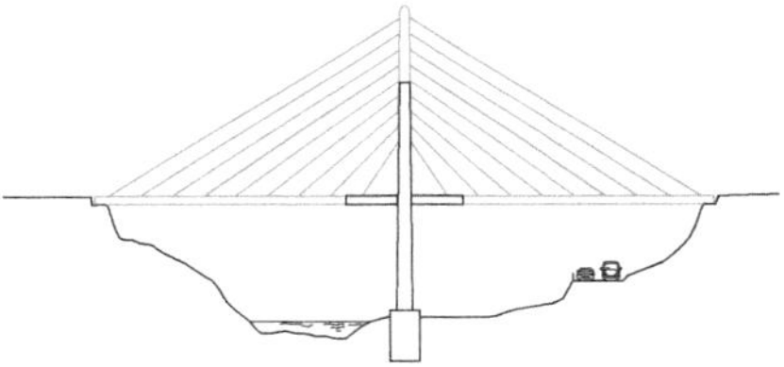

⑥ 桁を塔から斜めケーブルで吊る

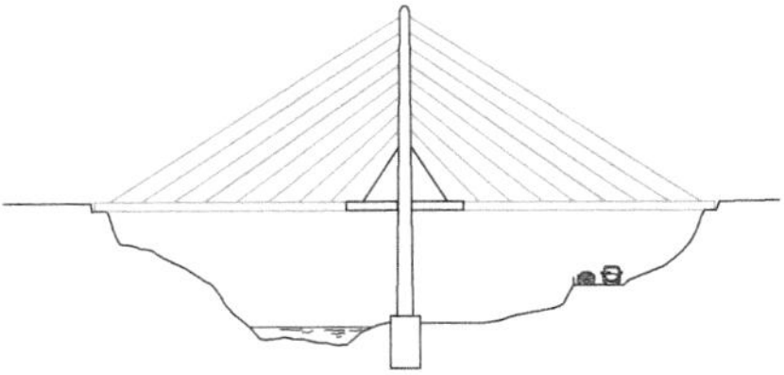

⑦ 順番に桁をつくりケーブルで吊る。両岸の橋台もつくる

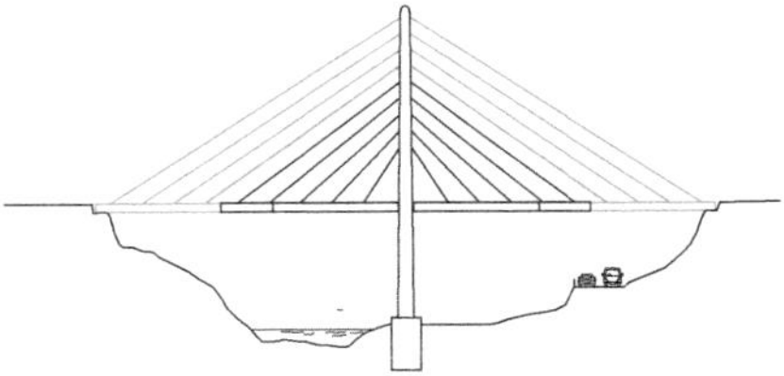

⑧ 完成

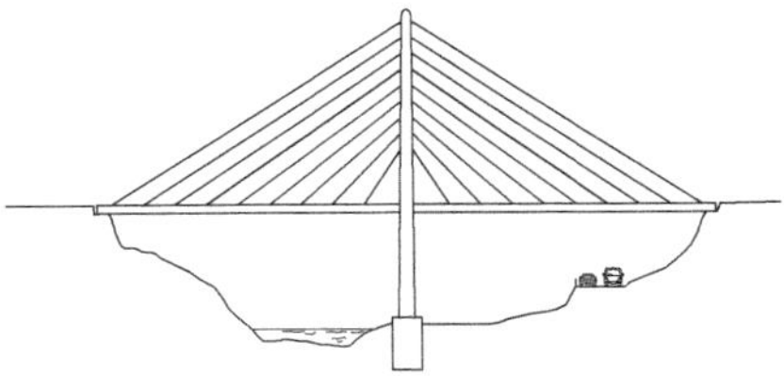

§21

水が渡る橋

古代ローマ人がつくった「悪魔の橋」

ここまで、橋のさまざまな工法を見てきましたが、橋の形態はまだまだ多彩です。なかには特殊な役割や機能を求められるものもあり、そういう橋の工法にはまた特別な面白さがあります。PART２の最後に、そんな橋をいくつかご紹介していきましょう。

まずは、水道橋です。橋は基本的に人や車、鉄道を渡すものですが、これは水を渡す橋です。

水はいうまでもなく、人間にとってなくてはならないものです。古くは、人々はみな水の近くに住みました。しかしやがて町ができ、都市が形成されると、生活のための水が足りなくなります。そこで古代ローマ人は、何十キロもの遠方から水を引くための水路をつくりました。水路をつくるときは勾配の設計が重要です。勾配を大きくすると水を大量に早く流すことができますが、反面、遠くまで水を流すことはできなくなります。ローマ人がつくった水路の勾配は、すばらしい測量技術によってみごとな精度を実現していました。

しかし水を長距離にわたって流すには、ただ水路だけをつくればよいわけではありません。その途中には、山や谷が障害となっています。

山の場合は大きく迂回するか、トンネルを掘ることになります。谷を越える場合は、いまのように長距離でも大丈夫な性能のよいパイプがあれば、どこへでもパイプを通し

図21－1　谷を越える水道橋のイメージ

写真21－1　スペインのセゴビアにある水道橋。「悪魔の橋」と呼ばれている

て自在に水を送り込めますが、そういうものがない時代には、谷を越える橋を架けて水を渡さなくてはなりませんでした。こうして生まれたのが水道橋です（図21－１）。

スペインのセゴビア、イタリアのローマ近郊、南フランスのニーム、トルコのイスタンブールなど、ヨーロッパには水道橋が多く残っています。これらは古代ローマ人によって、2000年も前につくられました。なかにはあまりにもすばらしい技術が使われているので「悪魔がつくったに違いない」といわれている橋もあります（写真21－１）。

通潤橋に見る「水路の科学」

日本では、§17でもとりあげた熊本県上益城郡山都町の通潤橋が有名です。ここでもう少しくわしく紹介しますと、この橋は長さ75m、幅６m、下を流れる轟川の水面からの高さが20m、アーチの直径27mあまり、という巨大な石造アーチ式水路橋です。

通潤橋を創設したのは、惣庄屋の布《ふ》田《た》保之助でした。江戸時代後期、山都町のあたりは豊かな水田地帯でしたが、白糸台地だけは周囲を深い谷に囲まれていて、水を得ることが困難でした。そこで台地に水を引くために保之助は、轟川の渓谷を越える水路橋をつくろうと考えたのです。しかし、谷の深さが30mもあったのに対して、当時の技術では、石造りの橋は高さ20mにするのが限度でした。常識的に考えれば、水は低いほうから高いほうへは流れませんから、谷から台地へ水を渡すことは不可能です。

低い橋でも水を渡せないだろうか。この難問を解決したのが、「逆サイフォンの原理」でした。サイフォンの原理

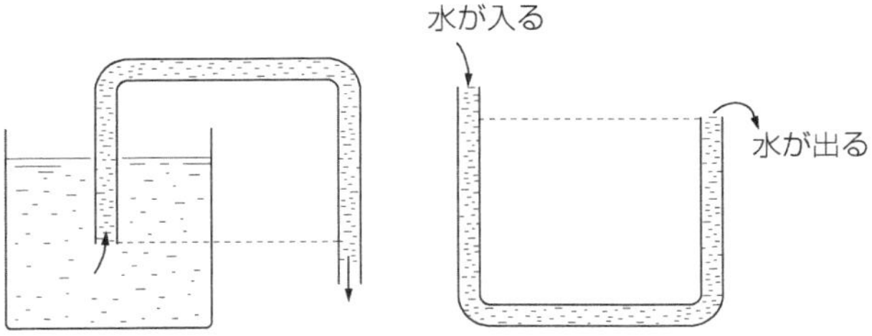

図21－２　サイフォン（左）と逆サイフォン（右）

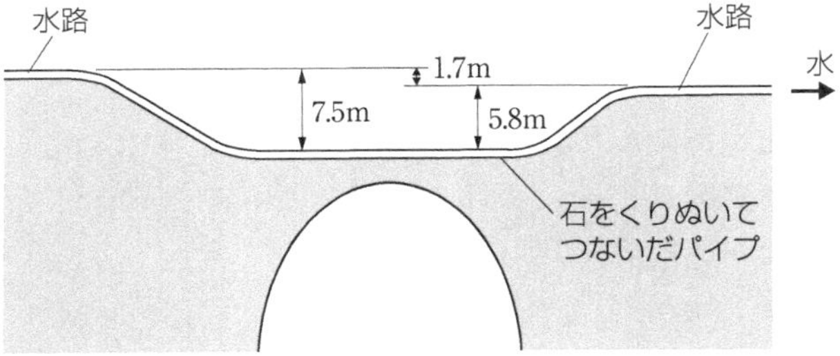

図21－３　通潤橋の水路のしくみ

では、水は水面よりも高く上がって落ちますが、逆サイフォンではいったん下がった水が、もう一度押し上げられます（図21－２）。

橋の一方の取り入れ口から入った水は、橋の中央で7.5m下まで下がったあと、5.8m上の反対側の端から流れ出します。高低差は1.7mです。水は橋の中の、３本のパイプ（密閉水路）を通ります。パイプは石をくりぬいたものをつなぎあわせています。

水が低いほうへ落ちてゆくときは、圧力がかかります。水はこの水圧によって、両端より低いパイプを通るにもかかわらず、反対側の端へと押し上げられるのです。よく工夫された、すばらしい技術だと思います。

通潤橋は構造上、パイプがもっとも低くなる中央部分に土砂が積もって流れが悪くなります。そこで橋の中央部に横穴が開けられています。穴にはふだんは栓がしてありますが、掃除のときにこの栓をはずし、噴き出す水の勢いで水路内にたまった土砂を放出しているのです。栓を抜く日は毎年、収穫の終わった秋におこなわれる「八朔祭」の日（旧暦８月１日）と決まっていました。これが有名な「秋水落とし」の行事です。ただし現在は観光用に、かなり頻繁に放水しています（写真21－２）。

京都・南禅寺の境内には、1890（明治23）年につくられた「水《すい》路《ろ》閣《かく》」という、赤レンガ造りの連続アーチが美しい水路橋があります（写真21－３）。

写真21－２　通潤橋の放水

写真21－3　南禅寺境内の水路閣

この橋は、琵琶湖の水を京都に運ぶ「琵琶湖疏水」の一部をなすものです。琵琶湖疏水を設計した土木工学者の田辺朔郎は、谷間にある南禅寺の境内にどのように水を渡すかという問題に直面しました。その結果、考え出したのが、全長92m、地上からの高さ約10mの水路橋でした。

水路閣を渡った水は、東山の裾を北に向かって流れ、いまでも京都の町を潤しています。

イギリスの湖水地方には、網の目のように水路が張りめぐらされています。この水路を利用して「ナローボート」と呼ばれる幅の狭いボートが行き来しています。

かつて水運に使われたこれらのボートは、いまでも観光に、あるいは住居にも使われていて、このボートのために水路を載せた橋が架けられています。高い橋の上をボートが行き来する光景は、なんとも不思議です（写真21－４）。

写真21－4　橋の上を通過するボート

コラム

橋のデザインと景観

エッフェル塔はいまやパリの象徴としてなくてはならない存在ですが、建設当時は知識人、芸術家の多数が、景観を壊すからと反対したことはよく知られた話です。

京都の南禅寺境内には、寺域にはふさわしくないと思われるレンガアーチの水路閣があります（202ページ参照）。できた当時、この地を散策した夏目漱石は「雰囲気を壊す」と批判的だったそうですが、いまでは南禅寺のひとつの景観をつくりだし、多くの人が散歩を楽しんでいます。

機能的な意味でもっとも合理的な形が、結果として優れたデザインになることがあります。風の抵抗を減らすため

水路閣の美しいレンガ組み

に流線型に設計された自動車のデザインが美しく見えるのがよい例です。そして橋も、安全性を追求した機能的デザインが美しさとなり、その地に溶け込んで風景を形づくっているものが多く見られます。

橋は地域の人々にとって、毎日のように、いやでも目に入る構造物です。また、地域の目印であるランドマークにもなります。便利さ、使いやすさに加えて、デザインや色彩も重要になってくるのは当然のことでしょう。しかし景観やデザインには人それぞれの感じ方があり、どのようにすればよいかを決めるのは大変難しいことです。

橋のデザインを決定する要素としては、

●橋自体の形や色彩●橋に付属する高欄、照明、舗装など

があります。北九州市の「太陽の橋」は、照明や舗装が工夫された例です。

「太陽の橋」の斬新なデザイン

「恐竜の背骨」と呼ばれる勝山橋

福井県勝山市の勝山橋では、建設にあたって橋の景観の専門家やデザイナーも加わり、周囲の山並みに調和し、力強く流れる九頭竜川にふさわしい形と色が選ばれました。CG（コンピュータグラフィックス）によってさまざまな方向から見た図を作成し、色彩も念入りに検討されました。

勝山市は恐竜の化石で有名です。橋は恐竜のように力強く、街のゲートとしての役割にふさわしい姿をしています。地元では「恐竜の背骨」などと呼ばれて親しまれ、また2006年には土木学会デザイン賞に選ばれました。

冒頭でふれたパリは「芸術の街」といわれるだけあって、セーヌ川にも多くの美しい橋が架かっています。なかでも「ポンデザール」という橋はその名も「芸術橋」という意味で、7連アーチの鋼橋です。

美しいアーチが連なるパリのポンデザール

この橋は1801年にナポレオンが「周囲の景観にふさわしい橋を」と命じて架けさせたもので、長くパリを象徴する橋として市民に親しまれてきました。現在の橋は1984年に改築されたものですが、デザインはアーチが９から７になったほかは架橋当時のまま、ほぼ再現されました。

ところでこの橋が、日本の古都・京都で騒動を巻き起こしたのをご存じでしょうか。1996年、フランスのシラク大統領（当時）が、京都市が計画していた鴨川を渡る歩道橋に「ポンデザールのデザインを使ってはどうか」と提案しました。大統領としてはパリと友好関係にある京都への格別の好意のつもりでしたが、これに京都市民および識者の中から「借り物は京都に似合わない」などの反対が起き、結局、計画は中止になったのです。デザインは人の心にかかわるものだけに、政治やお金の問題よりかえって難しいこともあると感じさせられた一件でした。

§22

船に道をゆずる橋

§15で大阪港の夢舞大橋という「浮き橋」をとりあげました。この橋は船が通行するときに旋回して道を空けるために、浮き橋という構造をとったのでした。

しかし浮き橋でなくても、船に道をゆずる機能を持つ橋がたくさんあります。今度はそれを紹介します。

船は水面さえあればどこへでも、人や品物をたくさん運ぶことができます。船が主要な交通手段であったころ、水路を渡る橋は、船にとって邪魔ものでした。そこで、船に道をゆずる機能をそなえた橋が世界各地で盛んにつくられたのです。

跳ね上がる橋

船が通過するたびに、通行を妨げないように橋桁が割れて左右に跳《は》ね上がる橋が跳開《ちようかい》橋（跳ね橋）です。

日本の跳ね橋の代表的な存在だったのが、東京・隅田川に架かる勝鬨《かちどき》橋です。1940（昭和15）年にこの橋ができた当時は、たくさんの人たちが弁当持参で見物にやってきて、船が通るたびに「ハ」の字に跳ね上がる橋の姿を楽しんだということです（写真22－１）。

しかし、次第に船の運行回数が減るとともに、橋を通過する車の量がふえたために跳ね上がる回数は少なくなり、1970（昭和45）年からは閉じたまま、現在に至っていま

写真22－1　跳ね上がっていた頃の勝鬨橋

す。船に道をゆずる橋の多くがそうであるように、勝鬨橋もいまやその特殊な機能を停止して、動かないただの橋となっていますが、昔の姿を復活させようという動きもあるようです。

愛媛県大洲市の長浜大橋は、いまでも船を通すために橋の一部が持ち上がります。肱川《ひじかわ》を渡る長さ226mの橋の、中央部の18mが、踏み切り遮断機のように空中に上がるのです（写真22－2）。そのしくみは、図22－1のようになっています。橋が持ち上がる側の反対側にカウンターウェイト（おもり）がつけられていて、船が通るとこれが下がり、てこの原理によって反対側が持ち上がるという仕掛けです。

長浜大橋はいまなお一日に数回、そのダイナミックな姿を見せてくれますが、橋自体の老朽化と増大する交通量に

写真22－２　跳ね上がる長浜大橋

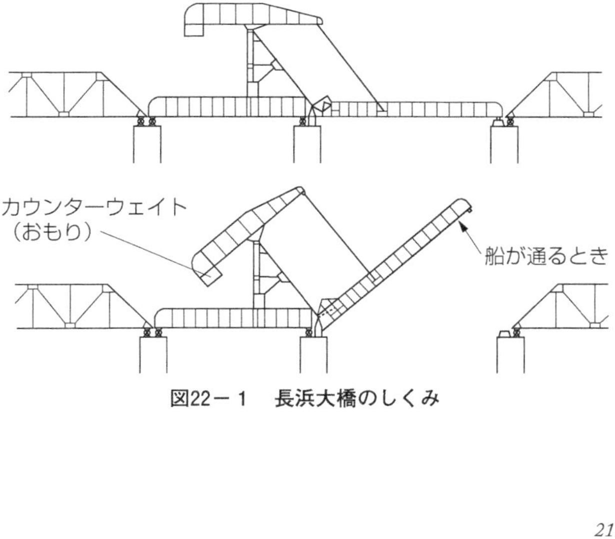

図22－１　長浜大橋のしくみ

写真22－3　アムステルダムの運河に架かる跳ね橋

耐えられず、下流に新しく架けられた橋に主役の座は明け渡し、もっぱら乗用車以下の小さな交通を分担しています。撤去の話もあったようですが、何とか保存していきたいというのが地域の人々の気持ちのようです。

跳ね橋は中世ヨーロッパを舞台にした映画によく登場します。たとえば城の堀に架かった橋を馬に乗った騎士が駆け抜けると、大きな歯車と鎖がゴロゴロと動いて、橋が上がるといったシーンです。また、運河の多いオランダには、画家のゴッホが描いているような跳ね橋がいまでも残っています（写真22－3）。

上下する橋

跳ね上がるほかに、船が通るたびにエレベーターのよう

写真22－４　船が通過するときの旧筑後川橋梁

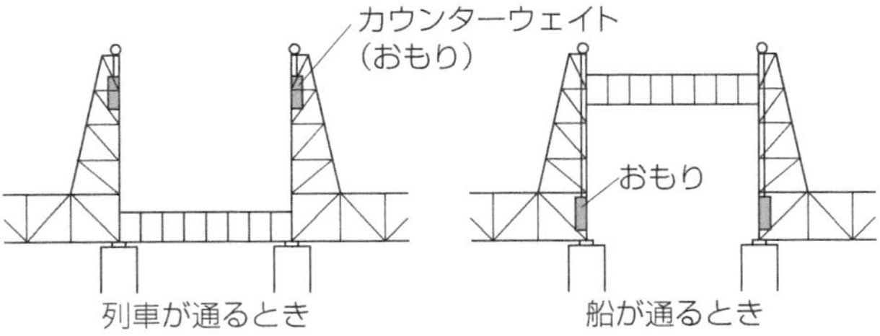

図22－２　昇開橋のしくみ

に橋ごと上下する橋もあります。これは昇開橋と呼ばれる形態で、たとえば旧筑後川橋梁は、船の通行の妨げになる部分だけが上下します（写真22－４）。エレベーターがおもりを利用して上下にスムーズに動くように、この昇開橋もおもりの力を借りて少ない動力で上下します（図22－２）。

じつはこの旧筑後川橋梁もすでに役目を終えているのですが、活躍していた当時の姿をいまも留めています。

旋回する橋

天橋立《あまのはしだて》（京都府宮津市）は日本三景のひとつとして有名ですが、ここに時計の針のように回る橋があります（写真22－５①～③）。廻旋橋（小天橋）という名称で、90度回転して、元の位置にきちんと戻るので、「磁石の針のようだ」ともいわれています。これも船を通すための機能です。

この橋は、中央の橋脚を中心として水平に旋回して、川の流れと平行になるように位置を変え、船を通します。いまでは鋼製となり、電動モーターを使ってボタンひとつで開閉しますが、40年ほど前までは木製で、大きさもいまよりずっと小さな橋でした。当時は、船が通るたびに歩行者を止め、橋の中央の穴にハンドルを差し込み、２人がかりでぐるぐる回して歯車を回転させ、橋を動かしていました。

ゆっくりと向きを変えて船を通す橋は、天橋立の風物として現在でもなかなかの人気です。

旋回する橋として世界でも珍しい大規模なものが、§15でも紹介した夢舞大橋です。この橋は浮き橋で、浮いている部分の長さは410mもあります。ほかの水路がふさがって緊急に船を通さなければならないときに、まるで扉が開くように押し舟に押されて移動します（写真22－６）。

①

写真22－5　天橋立の旋回橋

②

③

写真22－6　旋回する夢舞大橋（日本橋梁建設協会『日本の橋』より）

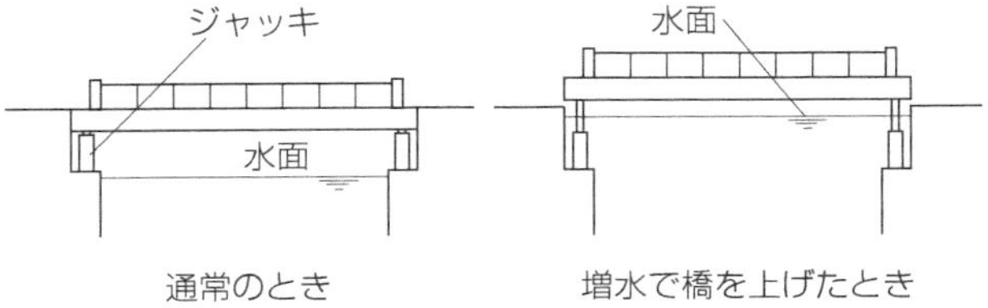

図22－3　内免橋のしくみ

水をよける橋

船に道をゆずるわけではありませんが、富山県高岡市の千保川に架かる内免橋《ないめんきよう》は、川が増水すると、動いて身をよける橋です。

水かさが増して水位が高くなり、さらにゴミなどの流出物が橋にひっかかったりすると、川から水があふれて、付近の住宅地を浸水させてしまうことがあります。そこで、豪雨などで増水が予想されるときは、橋の両端に設けられたジャッキが動いて、橋全体を１mほど持ち上げてしまうのです（図22－３）。こうすれば水がよく通るので、あふれることはないわけです。

§23

「すべてが橋」の道路
高架橋

いちばん長い橋は？

もうひとつ、工法の話からはややはずれますが述べておきたいのが、「いちばん長い橋」についてです。いま世界最長の橋といえば全長3911mの明石海峡大橋ですが、じつはその何倍もの長さの橋があるといったら驚かれるでしょうか。しかし、これはあながち間違いとはいえないことなのです。

たとえば首都高速道路の全長は300km以上もありますが、そのほとんどは高架橋、つまり「橋」です。全長250km以上の阪神高速道路にしても同様です。海や川を渡るばかりが橋ではありません。考えようによっては高架橋こそ、もっとも長い橋ともいえるのです。

「開かずの踏み切り」という言葉があります。道路と鉄道が平面交差しているところには踏み切りが設けられ、遮断機が設置されますが、列車の運行本数が多い踏み切りでは、人や車が渡れる時間がとても短くなります。そのため大きな交通障害となり、無理な横断による事故も多発しています。

この障害を解消する方法のひとつが、道路か鉄道のどちらかを上に上げる立体交差であり、これが高架橋のはじまりといえるでしょう。

道路が上か、鉄道が上か

ところで道路と鉄道ではどちらを上にしたほうがよいか、みなさんはご存じでしょうか。どちらでもよさそうに思えるかもしれませんが、一般的には道路を上にしたほうがよいのです。これには理由があります。

道路と鉄道には、それぞれ最大勾配（傾斜）が定められています。道路のほうが、鉄道よりも勾配を大きくすることができます。一般道路では10％程度のものもありますが、鉄道のほうは数％に抑えなければなりません。勾配が大きいほうが、高架橋を架ける距離が少なくてすむことはおわかりになると思います。だから、道路が鉄道の上を越すほうが経済的なのです。

しかし、都市部では鉄道と道路の交差箇所が多く、鉄道を１つ越してもまたすぐに次の鉄道にぶつかります。そこで、長い距離にわたって連続する高架橋がつくられるようになったのです。

高架橋は、鉄道と道路だけとは限りません。高速道路と一般道路、２つの一般道路、２つの鉄道など、人や車がふえて交通の交差がふえるにしたがい、高架橋はどんどん活用されています。とくに都市部では、土地のスペースが限られたなかで道路交通網を整備するため、上空の空間が積極的に利用されています。ときには１層にとどまらず、２層、３層と高速道路が重なっている部分もあります。写真23－１は高速道路のジャンクションです。このように多方面に分岐、合流する道路には高架橋は欠かせません。

また、スペース上の理由のほかに、新幹線は高速性を確

写真23－1　天保山ジャンクション（大阪府）

保するために高架橋の上を走っています。そのため、交通量が少ない田園地帯でも、高架橋が利用されています。

高架橋と都市のデザイン

しかし、これほど役に立ち、近代都市の象徴ともいえる高架橋にも、いくつかの問題点があります。

高速道路はただでさえ騒音、排気ガス、あるいは事故などの危険性をはらんでいます。これが高架橋によって二重、あるいは三重になることで、リスクもまた２倍、３倍とふえていくことになります。

また、高架橋は上空の空間を利用するため、太陽光を遮断してしまい、その下の土地や河川などの環境に悪影響を及ぼす可能性があります（写真23－２）。

写真23－２　高架橋の下で太陽光が遮られている河川

写真23－３　日本橋の上を通る高架橋（東京）

もうひとつは、景観の問題です。曲線が何層にも重なった高速道路は上空から見れば美しいものですが、真下から見上げると決して見栄えのするものではありません。古くなれば排気ガスや雨漏りによる汚れ、鉄鋼部分のさびなどが目につきます。圧迫感も、かなりのものです。

歴史ある東京の日本橋も、いまでは高速道路の高架橋が上を通っています（写真23－３）。昔の姿を取り戻したいという願いを持つ人々も多く、そのためには高速道路を地下に通してはどうかという案も出されています。

高架橋の利便性と、都市の環境や景観との兼ね合いは、これから考えていかなければならない重要な問題のひとつです。

PART 3 橋を守る

§24 橋はなぜ落ちたか

永代橋の崩落事故

いまから200年ほど前の1807年、日本の江戸で、隅田川に架かる永代橋が崩落し、1000人にも達する死傷者が出ました。夏祭りの見物に来た大群集が一度に橋に押し寄せ、木製の橋が突然の大きな荷重に耐えきれなくなったのです。橋の崩落でこれほどの人命が失われた例は世界でも見られず、史上最悪の落橋事故といえるでしょう（232ページのコラム参照）。

いうまでもなく橋は、決して落ちたり壊れたりしないよう十分に考えられて設計され、架けられます。しかし、橋の強さを上回る大きな力が作用したときは、壊れたり落ちたりします。「形あるもの必ず壊れる」といわれるのは、橋とて例外ではありません。このPART 3では、橋を守るためにどのような工夫がなされているかを中心に見ていきます。

橋の強度は、通常はそれほど急には変化しません。しかし長い歳月を経れば、確実に低下します。たとえばさびたり、亀裂が入ったりしたあとは、場合によっては急激に低下することがあります。

一方、作用する力（外力）については、巨大地震や巨大台風、ハリケーン災害のように、予想をはるかに超える大

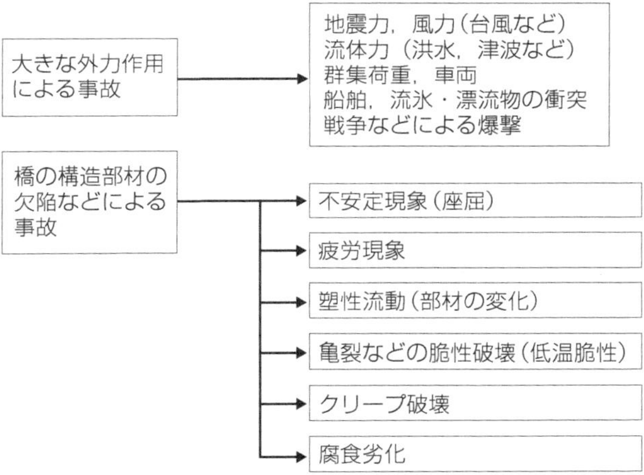

図24－1　落橋事故の原因となる現象

きな力がかかることがあります。また、制限荷重以上の荷物を積んだ車によっても損傷が生じます。

お菓子の袋などにはよく切れ目が入っていて、小さな力でも破いて開けやすいようになっています。橋も同じように、たとえ微小な弱点であってもそこから損傷が生じ、やがて落橋に至ることが少なくありません。また、「疲労」という現象により、目に見えない微小なひび割れという弱点が生じ、これが進展した結果、大きな破壊に至る場合も少なくないことがわかっています。図24－1に、落橋事故の原因となる現象をまとめました。

世界の落橋事故

橋の長い歴史のなかで、世界ではさまざまな事故がありました。

●タコマナローズ橋

アメリカ・ワシントン州のピュージェット湾に架かるタコマナローズ橋は、架けた直後から風による揺れが大きかったため、注意深く観察されているなかで起きた事故でした。風速19m／秒という、必ずしも暴風とはいえない程度の風によって橋の揺れが増幅してゆき、ついに落ちたのです（写真24－１）。

この事故は、必ずしも風が強くなくても、橋が落ちるほどの大きな振動が生じる場合があることを示しました。以後、風と振動についての研究が進み、橋には耐風設計がなされるようになりました。

●ポイントプレザント橋

アメリカ・ウェストヴァージニア州にあるポイントプレ

写真24－１　風で落ちたタコマナローズ橋

ザント橋（シルバーブリッジとも呼ばれる）が、1967年12月に落ち、46人もの人命が奪われました。1928年に完成してから40年近くがたっていました（写真24－２）。

この事故がアメリカ国民に与えた衝撃は非常に大きく、橋は新しくつくるばかりではなく、維持管理も大切であることを認識するきっかけとなりました。

落橋の原因は、ケーブルの代わりに使われていた「アイバーチェーン」と呼ばれる、自転車のチェーンに似た部分に腐食が発生し、それが疲労損傷につながったためと考えられています。チェーンの一部分が切れたら橋全体が一挙

写真24－２　事故前のポイントプレザント橋（上）と事故直後の橋（右）

写真24－３　事故直後の聖水大橋

に崩壊してしまうという、非常にゆとりのない構造だったのです。

●聖水《ソンス》大橋

韓国のソウルで1994年10月、聖水大橋が落ちました。橋の完成は1979年なので、まだ15年しかたっていませんでした（写真24－３）。

この橋の桁は長さ700m弱の鋼製トラス桁でしたが、その中央部分が約50mにわたって突然崩壊したのです。橋を通過中のバスや乗用車は約20m下の漢江に落下し、32人が死亡、17人が負傷しました。

原因として、まず、中央の吊りトラス桁を両端の鋼製トラスから吊っていた吊り部材の溶接不良が考えられました。また、施工時の施工管理と検査、そして、その後の維持管理の方法にも問題があったようです。

●インターステート35号線の橋

写真24－4　インターステート35号線で起きた事故直後の橋の映像

アメリカのミネアポリスを走るインターステート35号線のミシシッピー川に架かる橋が2007年８月に崩落し、13名が死亡、145名が負傷しました。この橋は1967年に完成したもので、40年が経過していました（写真24－４）。

図24－２はこの橋の構造図で、トラスの丸印の部分が問題の箇所でした。図24－３のように、トラスの各部材はガセットプレートという鋼の板で接合されていました。ところが、図24－２に丸印をした部分では、８ヵ所にわたって、ガセットプレートの厚さが設計上必要とされる厚さの半分しかなく、それが崩落のきっかけとなったようです。それに加えて、局部的な破壊が橋全体の崩壊へと連鎖的に発展してしまう余裕のない設計も原因となりました。

表24－１は世界の代表的な落橋事故と、その原因をまとめたものです。橋の崩落のたびに、その原因が調べられその後の橋の設計に生かされてきました。しかし、世界には

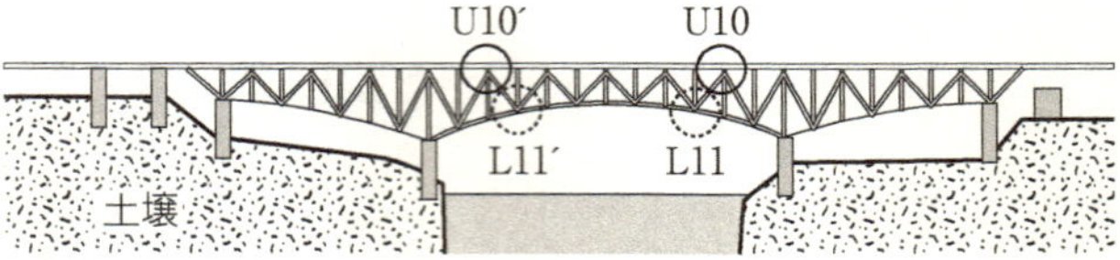

図24－２　インターステート35号線で落ちた橋の構造図

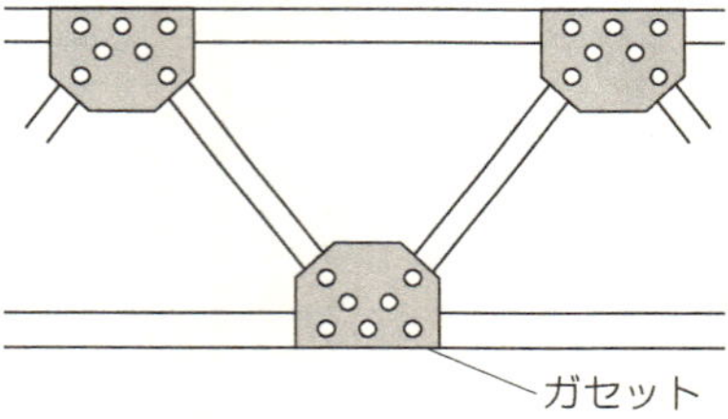

図24－３　ガセットプレートの概略図

無数の橋があります。そのどれかひとつでも、日々の点検・診断・維持管理を怠ると、橋の強度が低下し、結果として橋が落ちることになりかねません。私たちは過去の悲劇を繰り返すことだけは避けなくてはなりません。

表24－1　世界の代表的な落橋事故とその原因

橋の名前	事故発生日時	場所	事故の原因
テイ橋	1879	イギリス	風に対する知識不足，点検不備
ケベック橋	1907&1916	カナダ	設計のミス：架設中の座屈
タコマナローズ橋	1940	アメリカ	風に対する知識不足
ポイントプレザント橋	1967	アメリカ	アイバー(部材)の破壊，腐食，疲労，維持管理の不備
ウェストゲート橋	1970	オーストラリア	施工中の判断ミス：施工中の座屈
ミアナス橋	1983	アメリカ	ピンの疲労破壊および維持管理の不備
スコハリエクリーク橋	1987	アメリカ	基礎の洗掘
サンフランシスコーオークランドベイ橋	1989	アメリカ	地震
聖水橋	1994	韓国ソウル市	ピンの破壊（維持管理不備）
ミネアポリス·I－35W 橋	2007	アメリカ	施工ミス，ガセットプレート

コラム

史上最悪の落橋事故
——永代橋崩落

いまからおよそ200年前の1807（文化４）年８月19日、江戸・大川（隅田川）の永代橋が崩落し、1000人にも達する死傷者を出すという大事故が起こりました。

その日は三十数年ぶりに深川・富岡八幡宮の祭礼が復活することになり、評判を呼んでいました。祭り見物に行く一橋家の船が下を通るので、橋は一時通行止めになっていましたが、午前10時頃やっと解除され、祭り見物へ行く大勢の人々が橋に殺到したため、群集の重みに耐えかねた橋が崩れ落ちたのです。

さらに事情のわからない群集が後ろから次々と押しかけたため、前にいた人々が押されて川に転落し、多くの溺死者を出しました。その数は記録によって異なりますが、700人を超えたようです。また、流されて行方不明になった人も100人を超えたとされています。

このときの永代橋は民間経営になっていました。事故の直後に、幕府は管理責任者である３人の橋請負人を遠島（１人は獄死）という厳しい処分にし、橋番人や橋掛り名主などに厳重注意を申し渡しています。

落橋の直接の原因は橋杭の耐荷力不足にありました。滝沢馬琴は、『兎園小説余録』の中で、「この事故は橋板を踏み折ったものではなく、橋杭が泥中にめり込んだために桁も折れた」ために起こったと説明しています。そして事故

永代橋の落橋（夢の浮橋『燕石十種』挿図）

現場を調査した幕府の報告には、30基の橋脚のうち、深川方の4、5番目の橋脚杭が7、8尺（2m強）「減入込」んだと表現されており、いずれも3本の橋杭からなる2基の橋脚が、群集の荷重に耐えかねて土中にめり込んだために、上部の桁が崩れ落ちたことがわかります。

永代橋は1698（元禄11）年に初めて架けられました。元禄期には本所、深川など江東地区の開発が一気に進みます。このため1693（元禄6）年に新大橋が架けられ、3年後には、仮橋の状態だった両国橋も本格的な橋に架け替えられています。この頃は幕府の財政も潤沢だったのでしょう。これらの橋の建設はすべて幕府が負担しました。

その後、幕府財政はしだいに悪化し、根本的な建て直しが必要になっていきました。その重責を担うことになったのが1716（享保元）年に8代将軍に就任した徳川吉宗でした。吉宗はいくつもの財政改革をおこないますが、江戸の橋の管理でも幕府の歳出削減をめざし、改革を実施します。そのひとつが永代橋の民営化です。1719（享保４）年に老朽化が進んだ永代橋と新大橋を調査したのち、２橋分の架け替え費用が捻出できないため、永代橋を撤去することを地元に通告したのです。驚いた深川など地元の人々は、地元で管理をするので橋を下げ渡してほしいとの願書を提出し、認められます。

その後、新大橋をはじめ多くの橋の管理が地元に移されます。また、御入用橋と呼ばれた幕府管理の約130橋の維持管理も定額（1000両）で業者に委託されます。現在でいう指定管理者制度のような手法が導入されたことになります。

しかし、こうした民営化は幕府の歳出削減には効果をあげても、橋においては構造の劣化を招くことになりました。永代橋では渡し賃の徴収は認められましたが、架け替えに必要な金額には達せず、地元の負担が重くなったために橋の質がしだいに低下していくことになりました。

こうして経過をたどってみると、永代橋の落橋事故は起こるべくして起こったと見ることもできます。貴重なインフラの管理を民間に任せて、脆弱な橋を放置した幕府の責任は大きかったといえるでしょう。

この事故を機に、幕府は永代橋、新大橋などを直轄管理に戻しました。しかし、時代が下るにつれ幕府財政は悪化し、いわば一般会計から橋の維持管理などのインフラ整備の費用を捻出するのが難しい状況になっていきました。

こうして見ると、事故の根本的な原因は幕府財政システムの不備にあったといえます。永代橋の落橋事故は、現代の私たちにも警鐘を鳴らしていると思えてくるのです。

§25

地震への対策

阪神淡路大震災での予想以上の被害

§24で見た落橋は、いずれも構造部材の欠陥や劣化などの内的な要因によるものでした。225ページの図24－１にあるように、橋が壊れる原因としてはほかに、洪水や地震などの大きな外力作用が考えられます。とくに地震国ともいわれる日本では、そのリスクはつねに考慮されなくてはなりません。

1995年に起きた阪神淡路大震災（兵庫県南部地震）では、橋について見ても多くが落ちたり損傷を受けたりして、その被害は予想以上でした。これを教訓とすべく、精力的な原因究明が進められ、また橋や建物が地震に耐えるための設計方法（耐震設計法）が従来のものから大幅に改められました。

この地震による橋の被害の特徴をまとめると、次の通りです。

①高架道路の橋脚、支承および桁の端部に被害が集中しました（写真25－１）。原因究明の結果、それらに受けた作用が想定していた地震力を大きく超えていたことが明らかになりました。

②高架道路の橋脚の水平変位（移動）、隣り合う桁どうしの衝突などにより、橋桁が損傷したり、橋脚から押し出さ

写真25－１　ローラーがずれた神戸大橋の支承

写真25－２　橋脚の損傷により橋桁が落下

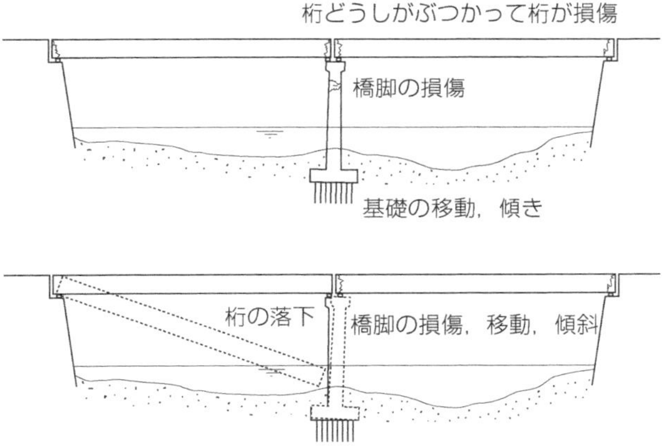

図25－１　橋桁どうしの衝突（上）と橋桁の落下（下）

れ、ずれて落下したりという例が、数多く発生しました（写真25－２）。

図25－１は、橋桁の損傷や落下と、橋脚の損傷や移動、傾斜の様子を表したものです。

③長大橋では制振装置（241ページ参照）を設置することで地震時の揺れをコントロールし、揺れが早く小さくなるような対策がとられていましたが、その機能が発揮される前に装置そのものが地震によって壊れてしまうなどの問題点が浮かび上がりました。

新しい地震対策の考え方

このように阪神淡路大震災では、これまでに起きた地震から想定していたレベルを超えた、大きな力が作用しました。では、その後の地震対策はこれをどのように教訓として生かしているのでしょう。

すべての建造物を、次にどんな大きな地震が起きても耐えられるように建て直すことは、莫大な費用がかかるため現実的ではありません。そこで採り入れられたのが、地震の程度によって、設計の方針を段階的に変えるという新しい考え方です。たとえば次の通りです。

レベル１　橋が使用されている間に数回程度の発生が予想されるレベルの地震に対しては、橋に損傷が生じないように設計します（弾性設計）。

レベル２　非常に稀ではあるが発生の可能性がある大地震に対しては、橋が損傷するとしても、できるだけその度合いが小さくなるように、また、地震後の復旧が容易であるように設計します（塑性設計）。

実際には、地震対策は図25－２のような枝分かれになっ

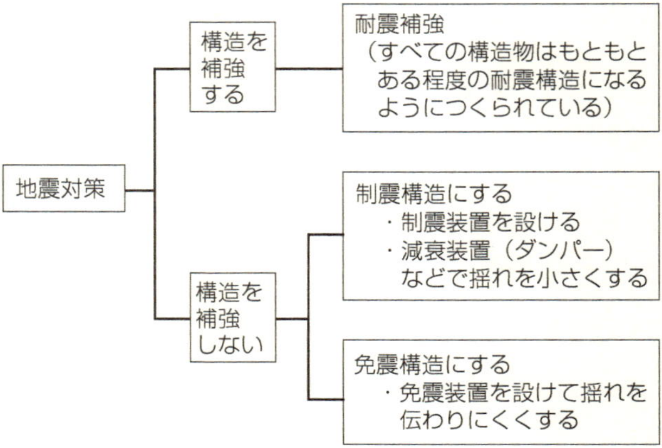

図25－２　地震対策のなりたち

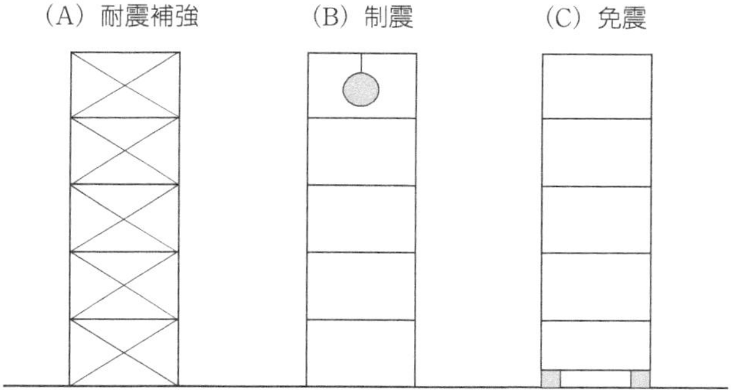

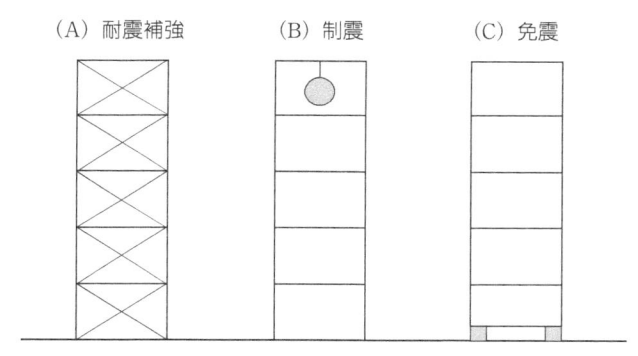

図25－３　耐震補強・制震・免震のしくみ（建物を例にしたモデル図）

（A）耐震補強＝建物を強くする：柱、壁、梁を強くする。筋交いを入れる
（B）制震＝揺れを抑える：おもり（振り子）をぶら下げる。筋交いにばねを入れる。油圧や移動する水槽なども利用する
（C）免震＝揺れを伝えにくくする：建物と地盤の間にゴムやローラーやバネなどによる免震装置を入れて建物に揺れが伝わりにくくする

ています。

建物や橋が地震で壊れないよう構造補強をする「耐震補強」が基本にあるのは当然ですが、そのほかに、構造補強をせずに揺れを小さくする方法として「制震」や「免震」というシステムが考えられています。これらは組み合わせることもあります。

それぞれの方法についてのモデル図が図25－３です。

耐震補強・制震・免震の実例

では実際にこれらの方法が施されている様子を見ていきましょう。

写真25－３　耐震補強の実例
①鉄板を巻いて補強された高架橋の柱

②桁受けの拡幅の例

③ずれ止めの例

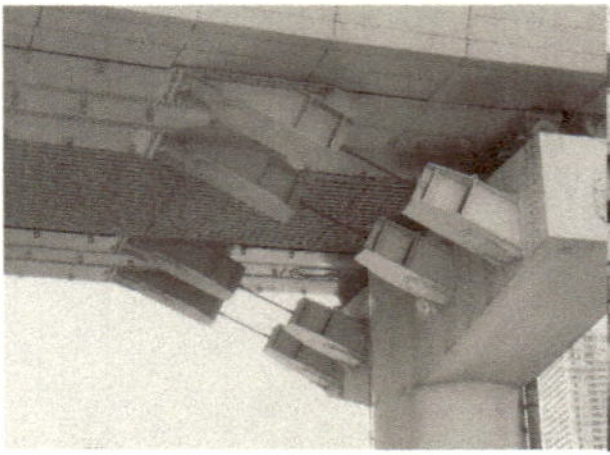

④桁と橋脚の連結の例

⑤桁の連結装置の例

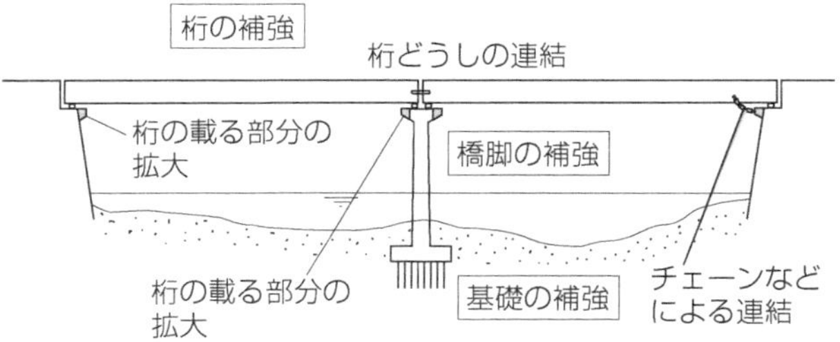

図25－４　橋桁の衝突・落下、橋脚の移動・損傷への対策

まず「耐震補強」です。図25－１のような橋桁がずれたり落下したりする事態を防ぐため、図25－４のような対策がとられました。実例を写真25－３で示します。

次に「制震」です。

揺れているブランコに力を加えてやると、揺れがどんどん大きくなります。この現象は共振と同じであり、高い建物などでは大きな問題となっています。しかし、揺れているブランコをそのままにしておくと、次第に揺れが小さくなります。この現象を「減衰《げんすい》」といいます。また、揺れの方向の逆に力を加えると、揺れが急速に小さくなります（写真25－４）。振り子はこの力を加えるのと同じようなはたらきをします。

構造物の振動を減衰するためには、振り子やばねを入れる、油を封入したシリンダーを取り付ける、部材の一部に鉛を入れる、ある範囲だけ移動できる水槽を置く、などのさまざまな方法があります。明石海峡大橋の塔には、102ページの写真９－８および103ページの図９－９で紹介した制振装置が取り付けられています。制振装置とは減衰に

写真25－４　（左）揺れと同じ方向に押すと揺れが大きくなる
減衰　（右）揺れと逆の方向に押すと揺れが小さくなる

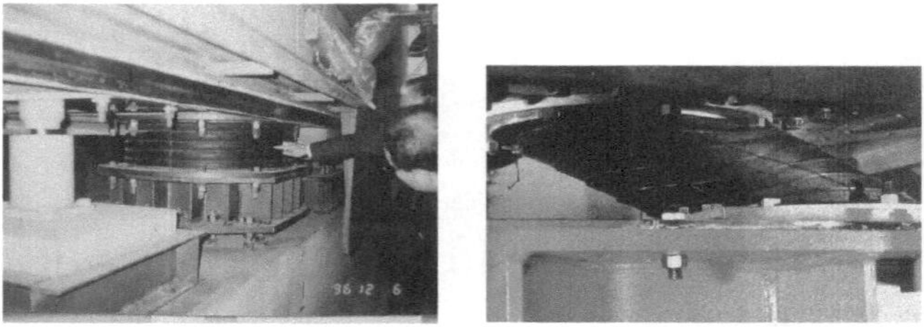

写真25－５　（左）５階建て鉄筋コンクリートビルの基礎に設けられた免震装置
免震装置　（右）免震装置の実験。写真左の装置のゴムが大きく変形し、地盤が動いても建物は揺れが少ない

よって揺れを小さくする装置です。このように高い塔の場合、「スネークダンス現象」といって、塔がくねくねとヘビのように揺れます。この複雑な揺れを抑えるために、明石海峡大橋ではひとつの塔につき20ヵ所に、制振装置として振り子が取り付けられています。これは地震対策というよりは風による振動への対策ですが、そのしくみはそのまま地震対策にも使えます。

最後に「免震」です。

写真25－５は、建物におもにゴムでできた免震装置を取り付けた例です。阪神淡路大震災のあとに橋の調査がおこなわれた結果、地震によって壊れる可能性のある橋については、建物と同様に積層ゴムなどをはかせた免震支承にできるかぎり取り替えました。

阪神淡路大震災はいまさらいうまでもなく、大変な惨禍でした。しかしその教訓から、橋の地震対策は新しい発想のもとに、大幅に強化されているのです。

§26 見えない傷を見つけるには

見えない力を測る方法

「あの人は力持ちだ」と私たちはよくいいますが、実際に「力」を見たことがある人はいません。「力」は感じることはできても、目には見えないからです。

しかし、力が作用すると確かにものは損傷したり、場合によっては壊れたりします。頑丈そうに見える橋も、見えないところで無理な力がかかっているのを放置すれば、やがて壊れてしまいます。

橋にどれくらいの力が作用しているかを知る方法のひとつとして、力の作用によって生じる小さな変形（ひずみ）を測る方法があります。

まず「ひずみ」について説明しておきましょう。

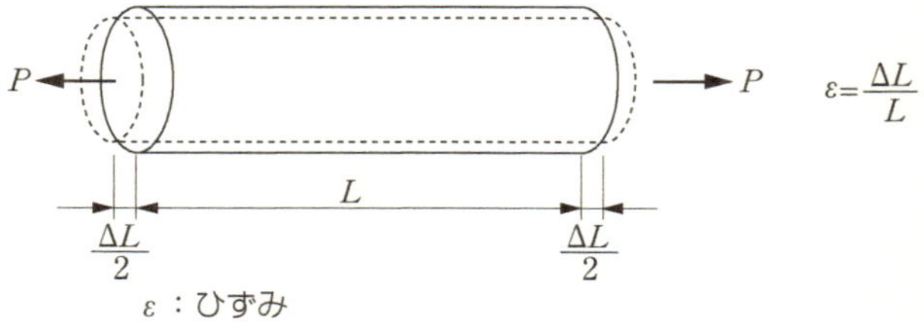

ε：ひずみ
L：力が作用する前の材料の長さ
ΔL：力が作用することによる材料の長さの変化分

図26－1　「ひずみ」とは

図26－１に示すように、ある材料に力（引っ張り力または圧縮力）Pが作用すると、その応力σが材料内部に発生します。この応力に比例した「ひずみ」（「引っ張りひずみ」または「圧縮ひずみ」）が発生し、材料は、変形（「伸びる」または「縮む」）します。「ひずみ」とは、正確には元の長さ（L）に対する変化分（ΔL）の割合のことをいいます。その値が1×10^{-6}のときを「マイクロひずみ」といい、これが「ひずみ」の基準値となります。

材料にどれだけ「ひずみ」が生じたかを計測する方法はいくつかありますが、現在、もっとも一般的なのは「ひずみゲージ」（strain gauge）を用いる方法です。

金属には、力がはたらいて伸縮すると、電流抵抗値が増減するという性質があります。これを利用して、「ひずみ」を計測したい材料に絶縁体を介して金属を接着し、材料の伸縮に比例して金属も伸縮するようにしておけば、金属の電流抵抗値の変化を測ることで材料の「ひずみ」を計測することができます（図26－２）。この装置が「ひずみゲージ」です（写真26－１）。その構造は図26－３のようになっています。金属の伸縮によって力の大きさを測るという意味では、ばねばかりと同じ原理といえるでしょう。

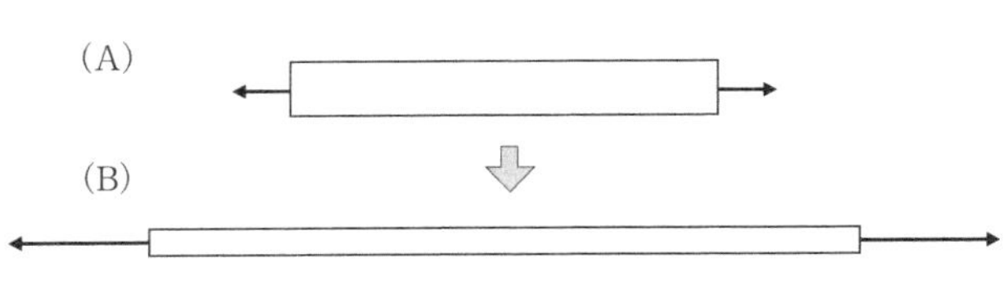

引っ張ると伸びて電気抵抗が大きくなる

図26－２　ひずみゲージの原理

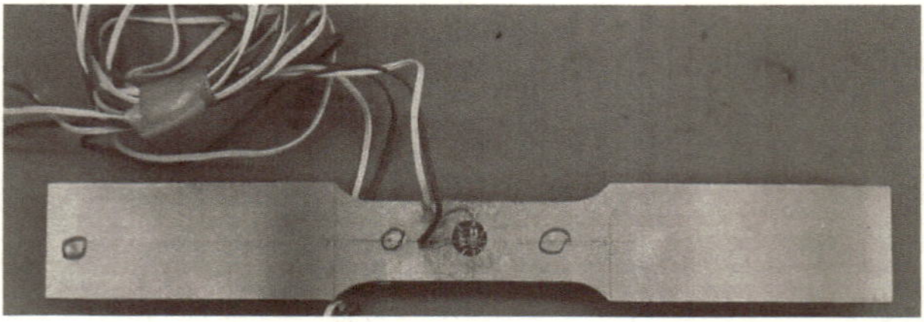

写真26－1　試験片に取りつけられたひずみゲージ

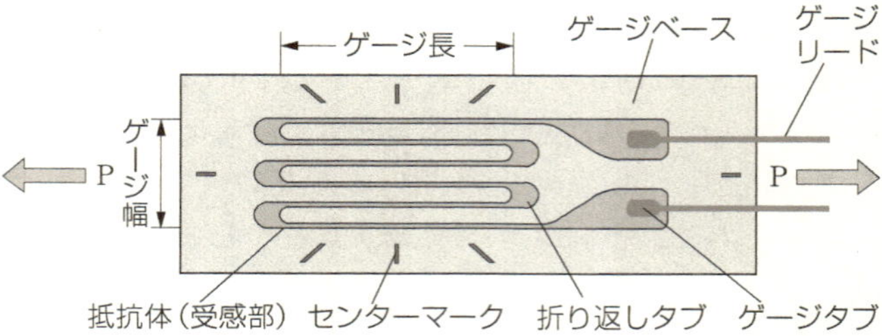

図26－3　ひずみゲージの構造　測定対象物に「ひずみ」が発生すると、ひずみゲージのベースを経由して抵抗体に「ひずみ」が伝わる。ゲージ長は一般的に1～6 mm

非破壊検査の方法

目に見えない力を知ることと同じく、材料の内部などにできた見えない傷を知ることも重要です。傷が大きくなっていくと、やがて橋が壊れることになります。目に見えてからでは遅く、見えないうちに調べて手当てをしなければなりません。

しかし、調べるためだけに橋の一部を壊すわけにもいきません。構造物の見えないところの状態を調べるには、対象に損害を与えずに検査する「非破壊検査」という技術があり、近年では橋にも用いられるようになりました。

身近な非破壊検査の例としては、スイカをポンポンとたたいて、熟しているかいないかを調べる方法があります。お茶碗をたたいたらにぶい音がしたために、ひび割れに気づくこともあります。お医者さんが聴診器を耳に当て、患者の胸をたたくのもこの例といえます。

同様の原理を用いて、ハンマーで検査対象物をたたいて音を聞き、材料のひび割れ、材料内部の空洞やボルトのゆるみなどを調べる非破壊検査法があります。これを「打音検査」ともいいます。

打診もその原始的な例といえるでしょうが、構造物の非破壊検査には、医療診断と共通する検査法が多く用いられています（表26－1）。

表26－1　医療診断と構造物の診断に共通する方法の例

検査法	医療診断	構造物診断
X線撮影（放射線透過試験）	体の見えないところをX線によって撮影する	多くの材料の投影に適用
X線CT	脳など，体の一部の断面を撮影し，より鮮明な画像診断を行う	新素材，コンクリート，セラミックス，その他（美術品の鑑定，立木の年輪の検出など）に適用
超音波診断	腹部に置いて内臓の様子を見る。妊婦のお腹にいる胎児の様子を調べるのによく用いられる	機械部品や溶接部の欠陥の検出に適用
光学用ファイバー	胃の検査をする胃カメラなどで体の内部から撮影する	パイプなど，狭い場所を検査するのに適用

また、近年では、橋にさまざまな測定器を設置して、橋の劣化、災害時の損傷状況、重量車輌の通行実態などを定量的・客観的に把握できる監視システムが開発されています。これらのシステムを「橋梁モニタリングシステム」といいます。さらに、通信ネットワークを介して、遠隔地から構造物をつねに監視することも可能になりました。
「見えない傷」を発見する技術は、橋の安全性向上に大きく貢献しています。

§27

重要なさび止めと塗装

「さび」のしくみと「さび止め」の方法

橋の材料として多く使われる鉄には、「さび」という大敵がいます。金属がさびて劣化することを腐食といいますが、材料に使っている鋼材（鉄）が腐食すれば、橋にとって命とりになりかねません。橋を守るうえで「さび」への対策は不可欠なのです。

金属がさびるということは、酸素と結びついて酸化物になるということです。鉄は自然界ではもともと、おもに酸化物として地殻の中に存在していました。人はそれを精錬して、酸素と分離することで純度を高め、実用化をはかってきたわけです。だから、鉄が酸化してさびていき、腐食するのは自然に戻ることにほかなりません。

腐食の種類としては図27－1のようなものがあります。

①水溶液腐食は、水と酸素と鉄の化学反応で、酸化鉄や水酸化鉄ができる現象です。化合物によっては腐食生成物（さび）が皮膜となり、腐食を抑制することもあります。

②気体腐食は、気体中で起きる腐食で、酸素、硫黄、窒素、ハロゲンなどにより酸化などが起こる現象です。

③溶融塩腐食は、塩分イオンなどの媒体により、酸化鉄が生成される現象です。

では、鉄の腐食を防ぐ（防食）にはどうすればよいでし

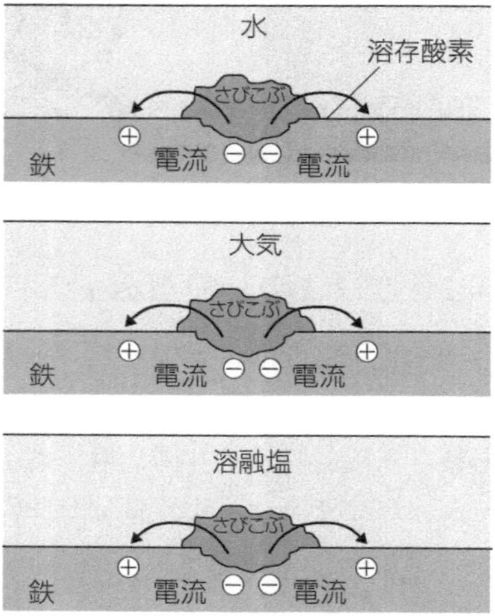

① 水溶液腐食（湿食）

② 気体腐食（乾食）

③ 溶融塩腐食（溶融媒体による腐食）

図27－1　腐食の３つの種類

ょう。鋼橋の防食には、次のような方法がとられています。

（A）さびない鉄、さびを進行させない鉄を用いる
　　　――ステンレス鋼、耐候性鋼の使用

（B）人為的に電流を流すことで腐食電流の流出を防止
　　　――電気防食

（C）鉄の表面を被覆する
　　　――金属被覆（めっき）、非金属被覆

　それぞれについて、具体的に説明します。

（A）さびない鉄、さびが進行しない鉄

　さびない鉄として有名なのがステンレスです。これは鉄にニッケルやクロムなどの金属を加えて、さびにくい合金にしたものです。

写真27－１　耐候性鋼材　（左）**竣工２ヵ月後：さびが発生**
（右）**竣工17年後：さびが全体を覆って腐食の進行を止めている**

一方、さびが進行しない鉄として最近とくに需要が多いのが、耐候性鋼材と呼ばれる鋼材です。これは鉄に、銅、ニッケル、クロム、燐などの耐候性（太陽光線や熱、湿度に対する耐久性）のある合金元素を加え、緻密な酸化皮膜を表面に形成することで、さびの進行を遅くするように工夫されたものです。いわば鋼材の表面に発生するさびが、さびによる腐食を防止するというおもしろい特性を持っています（写真27－１）。この鋼材の出現で、塗装などに必要な維持管理費が節減できるようになりました。ただ、どこにでも使えるわけではなく、塩分や湿気の多い場所には適しません。また、外見は単にさびたように見えるので、景観上は好まれない場合もあります。

（B）電気防食

ごく簡単にいえばさびは、金属がイオン化して電池のような状態が生じ、鋼材と付着した海水などの間を電流（腐食電流）が流れるために金属が酸化することで起こります。電気防食は、この腐食電流と逆方向の電流（防食電流）を外部から流し、電気化学的に腐食を止める方法です。
電気防食には2つのタイプがあります。
（ア）外部電源方式……外部電源から電流を流す
（イ）流電陽極方式（犠牲陽極法）……鋼材に陽極材料（亜鉛やアルミなど）の金属を貼りつけ、リード線でつないで局部電池を形成する
長距離にわたる土中の鉄管には外部電源方式が、海中の鋼製橋脚や桟橋などには流電陽極方式が多用されます。
（C）鋼板の表面被覆
鋼板の表面被覆には、大きく分けて金属被覆（めっき）と、非金属被覆があります。
橋に使われる金属被覆としては、「どぶ漬け」と呼ばれる亜鉛めっきや、ステンレスを鋼板にかぶせたあと圧延するステンレスクラッド鋼などがあります。
橋の鋼板を防食する方法としてもっとも広く使われているのは、非金属被覆の代表選手である塗装です。

塗装の目的と手順

鋼橋の塗装について、もう少し見ていきましょう。
塗装にはまず、下地処理という重要な作業があります。これは鋼板の表面についている汚れや古い塗膜あるいはさびを取り除き、塗料が付着しやすいように表面に凹凸をつける作業です。鋼球（ショットブラスト）や砂（サンドブラスト）を吹きつけたり、電動工具で鋼板表面の汚れを落としたりします。
塗装では必要とされる性能に応じて塗料の種類や膜厚、塗り重ねる場合の時間間隔などの塗装仕様が決められてい

写真27－２　工場で塗装される橋の部材

ることがあります。鋼橋の場合は、下地処理のあと、下塗り、中塗り、上塗りという段階に分けられ、下塗り、中塗りではさび止めが、上塗りでは耐候性や色の劣化が少ないことがおもな必要性能になります。

腐食しやすい海上の橋で、塗り替えなどの維持管理費用がかかる場合は、上塗りにはポリウレタン樹脂塗料やフッ素樹脂塗料などの高級な重防食塗装が、鋼橋の製作工場で厳格な管理のもとに施されます（写真27－２）。

塗料が乾いた状態のものは、塗膜と呼ばれます。いくらよい塗装をしても、塗膜はいずれ劣化するため、決められた間隔で現場において塗り替えがおこなわれます。この塗装の塗り替えは、橋の維持管理においてもっとも重要な業務のひとつです。

コラム

橋は淑女か紳士か

ヨーロッパの言語のほとんどには男性名詞と女性名詞があります。たとえばテーブルはドイツ語では男性名詞der Tish（デル　ティッシュ）ですが、スペインでは女性名詞の la tabla（ラ　タブラ）です。何が男性名詞で何が女性名詞かを見ていくと、その国の文化が“もの”に抱いているイメージを探ることができます。英語にしても、アメリカでは船（ship）を指す代名詞にitを使いますが、イギリスではshe（彼女）で表します。イギリス人は船に女性的なイメージを抱いているのです。

では、橋の場合はどうでしょうか。あなたなら橋に男性と女性、どちらを感じますか？

日本人が昔、橋に「女性」の生きるさまを重ねていたというのは興味深い見方です（→163ページのコラム）。しかし急流にも負けず川にどっしりと橋脚を下ろす姿に「男性」を感じる人も少なくないでしょう。もちろん私たち日本人は、橋にどちらの性を見出そうと自由です。

しかし、言葉に性別があるヨーロッパの人たちはそうはいきません。いったい橋は男女どちらのイメージなのか見ていくと、これが国によってさまざまなのです。

ラテン語系の言葉、スペイン語ではla puente（ラ　プエンテ）、ポルトガル語はa ponte（ア　ポンテ）と、橋はいずれも女性名詞です。橋は技術者からは「恋人」のように美しく、優しく、ときにわがままで、設計者にとってもその心をとらえて離さない魅力があるといわれています。

ところが、同じラテン語系でもフランス語では、橋はle pont（ル　ポンテ）と、紳士的な響きを持つ男性名詞になります。スペイン語と同系のイタリア語でも、il ponte（イル　ポンテ）と男性名詞です。不思議なことです。

言葉のルーツは同じなのに、発音の微妙な違いでニュアンスが異なってくることもあります。たとえば英語のbridge（ブリッジ）とドイツ語のbrucke（ブリュッケ）。前者は有声破擦音の強めの発音で、中性名詞でありながら男性的なイメージです。一方、ドイツ語では少しやわらかい発音で、こちらは女性名詞です。

これだけ国ごとに「見解」が分かれるのは、そもそも橋に男性的な面と女性的な面が共存しているからでしょう。近年の傾向を見ても、大きな川や海をも越えていく大規模な橋は雄々しさを感じさせる一方で、機能性だけでなく美観も大切にされるようになり、デザインや塗装、ライトアップに工夫が凝らされる姿は「彼女」と呼びたくなります。結局、「橋は淑女か紳士か」という問いの答えは、人が橋のどこに注目するかで異なってくるのでしょう。

最後に「男らしい橋」と、「女らしい橋」をご覧に入れます。(次ページ)。男の橋の名は「自由橋」。女の橋の名は「エリザベート橋」。なぜこれが男らしく女らしいのかと思われた方は、男の橋の旧名は「フランツ・ヨーゼフ」だったといえばお気づきになるかもしれません。そう、あのハプスブルク帝国の「最後の皇帝」と、その后の名を冠した橋なのです。つまり「橋の夫婦」というわけです。

トラス構造が男性的な自由橋（ハンガリー）

優美な曲線が女性的なエリザベート橋（同上）

§28 橋の寿命を延ばすには

見過ごされる橋の老朽化

2007年11月、徳島県と香川県の県境で、20mばかりの橋をトラックが渡り終えようとしていたとき、橋が崩落しました。幸いトラックは後輪が浮いた状態のまま川には落ちず、乗っていた人は軽傷ですみましたが、この事故で思いがけないことが判明しました。この橋の名前や架けた年が、すぐにはわからなかったのです。50年前に架けられた橋であること、管理が不十分で桁が腐食していたことがわかったのは、しばらくたってからでした。なにげなく使っている橋の中には、記憶や記録から消えかけ、老朽化する一方のものもあることに気づかされる事故でした。

§24では、アメリカの大きな橋がやはり管理不足で落ちていることを述べましたが、日本全国ではこのように、長年にわたって使われてきたいくつかの橋が、老朽化によって崩落の危機に直面しています。

国土交通省によると、全国の全長15m以上の橋はおよそ15万あり、予算や人材不足により維持管理を放置している自治体もあるということです。大阪市に限れば、橋齢《きようれい》（橋の年齢）の高い橋については図28－1や図28－2のようなデータがあり、多少の差はあっても東京都などの都市部、全国の市町村でも似たような状況があると思われます。

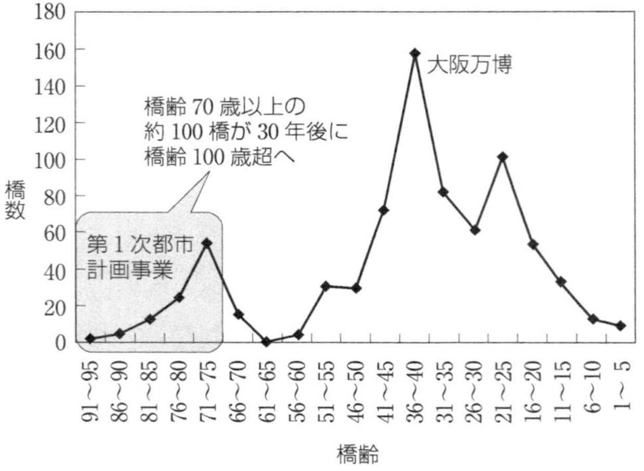

図28－1　大阪市の管理する橋の橋齢分布（平成19年４月１日現在）

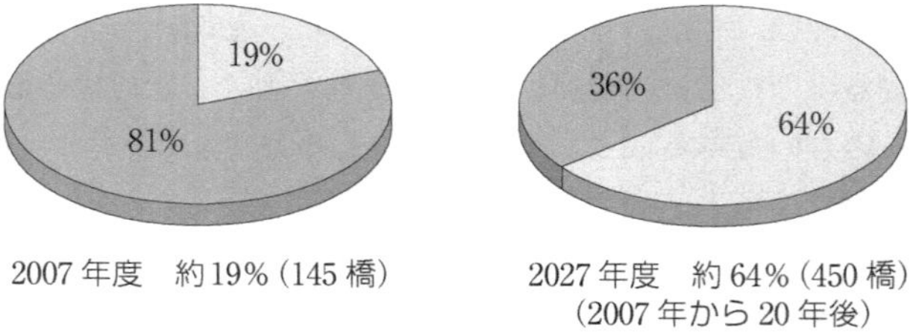

図28－２　建設から50年が経過した橋梁の現在の割合と、2027年に予想される割合

橋の「健康維持」のために

安心して橋を利用できる期間、いわゆる橋の寿命は、一般的に50～60年とされています。橋の寿命はその構造や材料、環境などによってそれぞれですが、自動車や機械と同

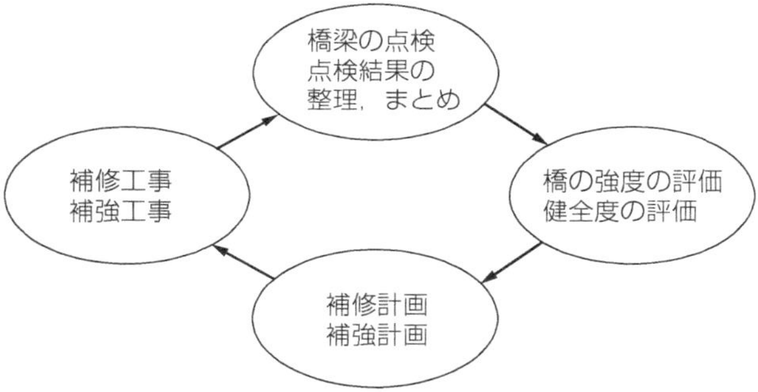

図28－３　橋のアセットマネジメントの基本サイクル

じく点検、維持管理によって大きく変わってきます。

戦後の経済発展によってさかんに橋が架けられてきた時代は、もはや終わりました。現在、橋の建設と管理をめぐっては、以下のような状況にあります。

①経済の低迷により新しい橋の建設が財政的に困難

②古い橋の架け替えの費用が増大

③維持管理費用も増大

④維持しなければならない橋が増加

従来の「古くなれば壊して新しくつくる（スクラップアンドビルド）」という考え方では立ち行かなくなり、つくりっぱなしではなく、きめ細かい点検、補修などの維持管理でより長く使おうという考え方になっています。これを「橋のアセットマネジメント」といいます（図28－３）。

また、維持管理によって経済的に橋の寿命を延ばせることが、図28－４のグラフで理解できると思います。

この図では、橋の管理は人間の病気と同じで、放置すると症状が重くなって回復が難しくなるうえ、医療費も多額

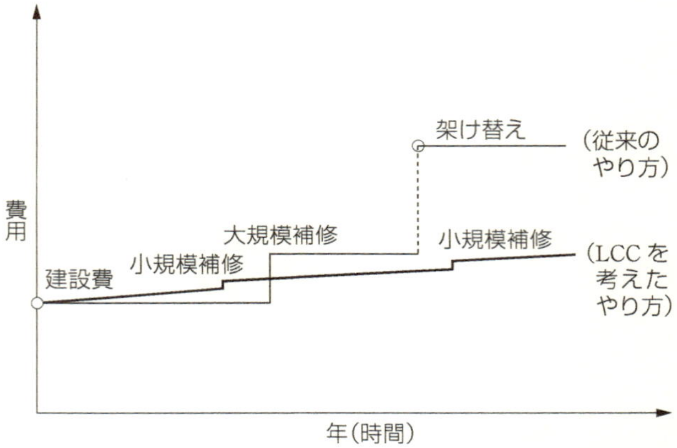

図28－４　橋の寿命のイメージと、建設の考え方の比較

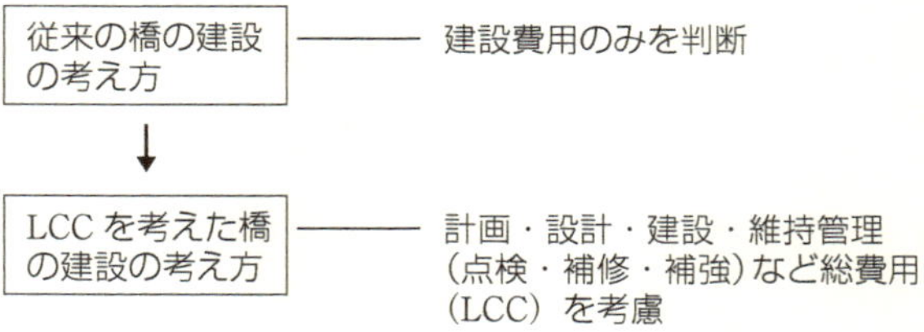

図28－５　従来の考え方とLCCの考え方

になることを物語っています。現在では、橋を新たにつくるときは当面の建設費だけではなく、維持管理までの総費用を考えてつくるほうがはるかに経済性に優れていると考えられるようになっています。計画・設計・建設・維持管理（点検・補修・補強）などの総費用をLCC（Life Cycle Costの略）といいますが、建設費用からLCCへ、という方向に橋の建設の考え方は推移しているのです（図28－５）。

写真28－１　明石海峡大橋の塔の点検ロボット　高い塔の点検は危険なのでロボットのカメラがおこなう。塗装の傷などを見つけて表面処理をする

写真28－２　長大吊橋の補剛桁点検車

明石海峡大橋は、「100年使える橋」を目標に架けられました。さらに架橋後も寿命を延ばすために新たな技術が開発され、いまは「300年は安全に使えるように」との努力が続けられています（写真28－１、写真28－２）。

§ 29

変身する橋
使える部分は生かしながら

生まれ変わった三好橋

これからの橋が、アセットマネジメントの発想にもとづき、費用面ではLCCという考え方を導入してつくられる方向にあることを述べました。しかし現実には、いまある橋の老朽化はどんどん進んでいます。高齢の橋のなかにはもう寿命が近づいていて、維持管理や補修だけでは安全性が確保できなくなっているものもあります。

その場合は新しく架け替えることになりますが、架け替えには費用の問題と同時に、架け替えの期間はその橋を利用できないというデメリットがあります。

これらの問題をクリアした例が、徳島県三好市の吉野川にかかる三好橋《みよしばし》です。

完成したのが1927（昭和２）年という三好橋は、長さが243.5m、塔の間（中央スパン）が139.9mで、架橋当時は「東洋一の吊橋」といわれました（写真29－１）。ところが、完成からちょうど60年後の1987（昭和62）年６月、吊橋の命の綱であるケーブルの一部に、破損箇所が発見されました。放置してケーブルが切れてしまったら橋は落ちてしまいます。

調査の結果、ケーブルを固定しているアンカレイジの部分が腐食し、強さが半分くらいに落ちていることがわかり

写真29－1　改造前の三好橋（吊橋）

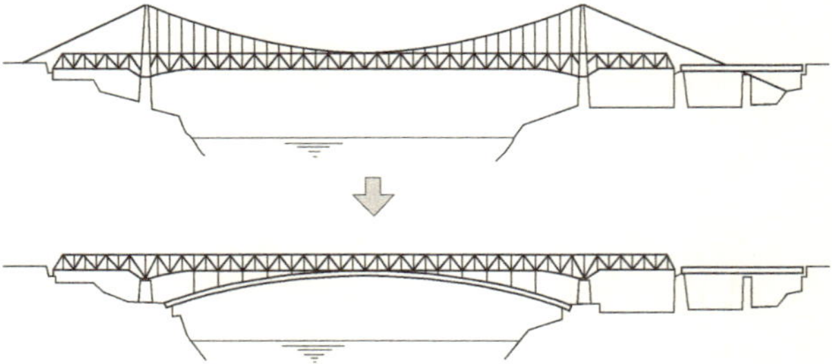

図29－1　吊橋をアーチ橋に改造する模式図

ました。したがってアンカレイジを補修しなくてはなりません。

　ところが、地形的な制約のため、アンカレイジ部分の取り替え工事は非常に難しいことが判明します。

　補修が難しければ、取り壊して新しい橋に架け替えるし

写真29－2　アーチ橋に生まれ変わった三好橋

かありません。しかし、この大きな橋を架け替えるには莫大な費用が必要です。時間もかかるため、工事期間中は多くの人々に不便をしいることになります。

補修も架け替えも難しいならどうすればよいのか——。やがて、ひとつのアイデアが生まれました。

三好橋は、人間でいえば還暦を迎えていても、通行車両を支える橋桁などの本体部分はしっかりしていました。そこで、使える部分はそのまま生かし、それらを従来のようにケーブルで吊るのではなく、下からアーチで支える方法が考え出されたのです。吊橋からアーチ橋への変身というわけです（図29－１）。

三好橋の本体はトラス構造をしていて、トラスは細い鉄骨で組まれています。どちらかというと、きゃしゃな構造です。そのトラスを壊さないようにしながら、その下に新たにアーチを組み込み、その後、ケーブルを取り払うという工事をおこなうことが決まりました。

いうのは簡単ですが、橋は力のつりあいで成り立っています。ケーブルは橋を上から吊る構造、アーチは下から支える構造なのでまったく逆です。私たちが荷物を持つときに、ぶら下げるのと担《かつ》ぐのとでは、腕に対する力のかかり具合が変わるのと同じことが起こるのです。

工事は、完成後の力のかかり方を十分考えたうえで進められました。とくに吊橋のケーブルをゆるめて、組み上がったアーチの上に置き換えるときは、計算値と実測値を比較しながら慎重に作業が進められました。

こうして三好橋は60年の間、地域の人々に親しまれた吊橋から形を変え、新しくアーチ橋の姿となって蘇ったのです（写真29－２）。

“邪魔者”になったアーチ橋

JR岐阜駅構内の加《か》納《のう》跨《こ》線《せん》橋《きよう》は、都市再開発の影響によって変身を余儀なくされた橋のひとつです。

この橋のアーチの部分が、新たにつくられる高架橋の邪魔になるからです。そこでアーチを取りはずし、一般的な桁橋につくり変えることになりました。

この変身についても、力学的な検討が入念におこなわれました。アーチ形によって支えていた橋への荷重を桁橋で受けとめるには、橋脚をふやす必要があります（図29－２）。そうした微妙な力のバランスを管理するために、現場にはコンピュータを持ち込んでの作業となりました。

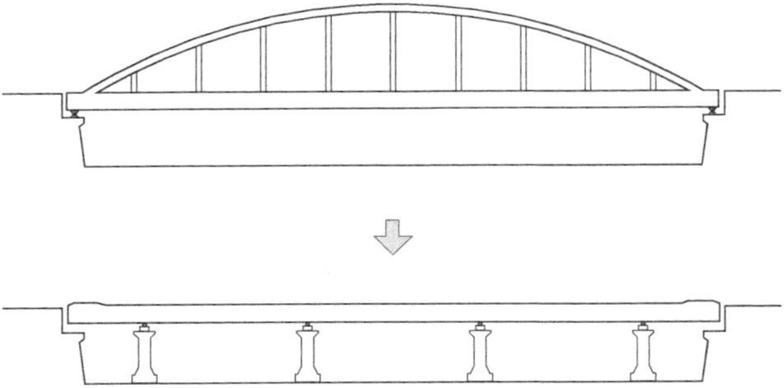

図29－2　アーチ橋を桁橋に改造する模式図

写真29－3　桁橋になった加納跨線橋　橋の両側にアーチの名残をとどめる

いま加納跨線橋は、桁橋に生まれ変わって利用されていますが、橋の両端にはアーチ橋だった頃の名残をとどめる、「アーチの脚」の一部を見ることができます（写真29－3）。

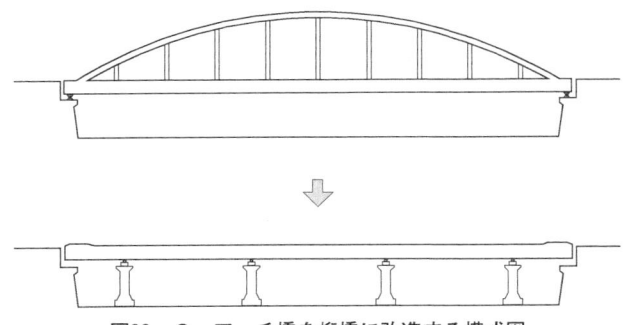

橋には石橋のように2000年以上も役目を果たし続けているものもありますが、短命な橋もたくさんあります。木の橋は当然として、鉄やコンクリートの橋でも腐食や疲労によって老朽化します。設計の不備もあるでしょう。予想以上の通行量の増加によって、まだしっかりしているのに寿

命を縮める場合もあります。とくに維持管理が十分でなかった場合は、経済的な無駄になり、橋にとってもかわいそうな結果になります。

吊橋や斜張橋などの巨大な橋が架けられるようになって100年以上になります。その間に無数の橋が架けられ、あるものは洪水で流され、あるものは戦禍で崩れ、あるものは何かの邪魔になって取り壊されました。三好橋のように変身に成功して第2の命を得た橋は幸せだと思います。

多くの人の知恵と貴重な資金によってつくられた橋は人類共有の財産です。使える部分があれば生かしながら、できるだけ大切に長く使っていきたいものです。

§30

未来の橋

これからの「最大の橋」計画

「夢の架け橋」と呼ばれた明石海峡大橋は、20世紀最大の橋として完成しました。この橋は古代から人類が積み重ねてきた知恵と経験の結晶ともいえます。

では次世代の橋、未来の橋は、いったいどんなイメージのものになるのでしょうか。

まず、橋の長大化は、これからもますます進んでいくでしょう。

いま計画されている、イタリア本土とシシリー島を結ぶメッシナ海峡の吊橋は、明石海峡大橋のスパン1991mを超える、最大スパン3300mが予定されています。また、ヨーロッパ大陸とアフリカ大陸を結ぶジブラルタル海峡横断プロジェクトには、5000m級の長大橋梁の試案があります。わが国でも、津軽海峡横断架橋構想では最大スパン4000mクラスの橋を架ける案が検討されています（図30－１）。

これらの長大橋プロジェクトを実現するには、従来の吊橋をさらに進化させた斜張吊橋などの新形式を採用すること、きわめて軽く鋼並みの強さを持った最新の材料、たとえば炭素繊維ケーブルなどを活用することが前提条件であると考えられています。

橋は構造が複雑で、さまざまな不確定要因が関係してい

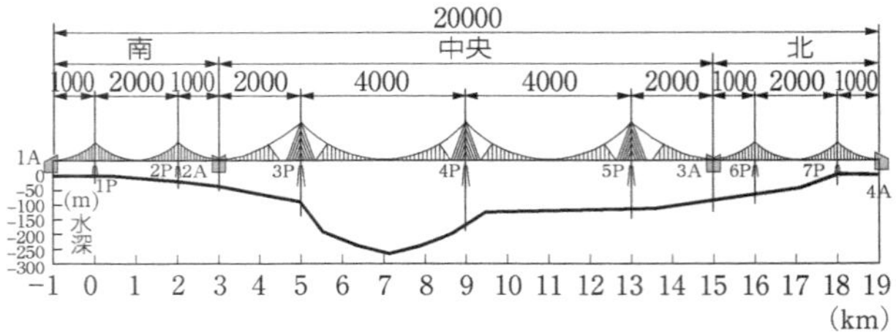

図30－1　津軽海峡横断架橋計画

ます。大きな橋ほど、各部品の製作・施工には高い精度が要求されます。そのため昔は橋の模型（ミニチュア）をつくって、何か問題が出てこないかをチェックしていました。最近では、ミニチュアの代わりにコンピュータを使って、どのように変形するか、どのような力がはたらくのかを調べることができます。

このとき大切になってくるのが「ソフトコンピューティング」という技術です。少し聞き慣れない言葉ですがこれは、人工知能、ファジィ理論、ニューラルネットワーク、人工生命、カオス理論、遺伝的アルゴリズムなどの、複雑・膨大なうえに曖昧な情報を、人間的な思考で、柔らかく、しなやかに扱おうという新しい体系のことです。

たとえばファジィ理論は橋の設計においても、非常によい結果を出しています。ファジィとは「曖昧な」という意味で、人間の思考によく類似していて、これが持ち込まれることでコンピュータは間違いを起こさない、きわめて精密なものになりました。

ますます長大化していく橋には、こうした新しい理論が必要になってくるのです。

生き物のように賢い橋へ

ところで、これまではともすれば大きさ・長さの新記録樹立のみが強調されてきたきらいがありますが、将来の橋は、もっと幅広い価値観でその技術が評価されるようになると考えられています。

ひとつのイメージは、「まるで生き物のように、スマートな（賢い）橋」です。

たとえば高齢化にともない橋がどれだけ劣化したかを、自動的に判定する自己探査・自己点検のためのモニタリング・センシング技術が発達するでしょう。

いまの機械と生物の大きな違いのひとつは、機械は劣化したとき人間が保守をしなければ機能しなくなることです。生物には寿命こそありますが、自律的に再生し、細胞などが新陳代謝して、自己修復ができます。未来の橋には、生物に近い形で自己修復・自己制御ができる自己診断スマートマテリアル技術が使われるようになるのではないかと期待されます。

また現在、渡る人や車を守るために、道路に設けた装置と自動車に載せた装置とがお互いに情報を交換することによって、自動車を安全に自動運転するITS（高度道路交通システム）という技術が開発され、実用化も間近です。これは橋にも利用されてゆくことになるでしょう。

これらの新技術をそなえた未来の橋は、図30－3のようなイメージになります。

また、未来の橋には「渡る」「守る」「支える」といったハード面だけではなく、その地域のシンボルとして「憩

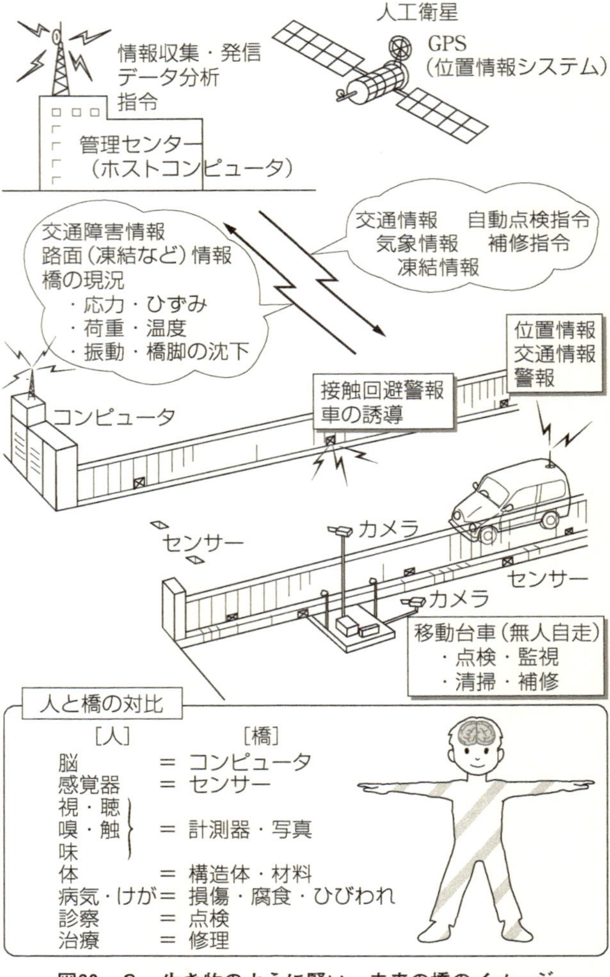

図30－3　生き物のように賢い、未来の橋のイメージ

表30－1　これからの橋に期待される役割

役割	概要	未来の発展性
渡る	地域を分断する河川や鉄道などを越えて人や車を渡す	スパンの新記録更新 宇宙・海洋・地下空間へ展開 リニアモーターカー 超新材料開発 ソフトコンピューティング（電子技術）
守る 支える	交通事故から通行者の安全を守るだけでなく，災害時には避難路にもなり，市民生活の安全を守る 生活を支えるガス，水道，電気，通信などのライフラインを安全に渡す	ITSによる自動運転 自己探査・自己点検 自己修復・自己制御 維持・管理・掃除現場実習 緊急時人・車誘導装置 CO_2など環境負荷値速報 余寿命速報 情報・警報送信
憩う	市民生活のなかで憩いや市民の集う場となる	集会支援機能整備
見る	まちのランドマークとなるほか都市景観を形成する	景観眺望施設 イルミネーション・ライトアップ 可動橋などの公開運転
知る	まちの歴史や文化を伝える	ミニ歴史・文化紹介施設

う」「見る」「知る」といったソフト面での役割もより期待されるようになると考えられます（表30－1）。

ガリレオが梁の計算式によってひらいた「橋の科学」は、いま、ここまで発達し、これからも大いに進歩を続けていくことでしょう。

あとがき

本書は「はじめに」でも述べたように、『橋のなんでも小事典』を執筆した８人の著者が、新たにブルーバックスの「図解」シリーズとして執筆したものです。1991年に前著が刊行されてから20年近くがたちましたが、この間に橋をめぐる状況には大きな変化がありました。

そのひとつはなんといっても、1998年に明石海峡大橋が完成したことです。前著でもいくつか紹介はしましたが、世界最大の吊橋を建設したことで得られた多くの知見が、その後の橋づくりに大きな進歩をもたらしました。

もうひとつは、1995年の阪神淡路大震災です。その惨禍はいまさら説明するまでもありませんが、多くの橋もこのときに大打撃を被りました。これを貴重な教訓として橋の安全についての考え方は大きく変わりました。

こうした大きなふたつの動きを踏まえ、本書ではいま橋がどのような発想のもとに、どのような技術を用いて架けられているかを、一般の方から中高生まで理解できるように、できるだけ原理にまでさかのぼって解説しました。専門用語はなるべくかみくだき、構造力学の初歩も身近な事象を例にとって、単純化したモデルを使って説明するよう努めました。専門的な内容を平易に説明するには紙数にも限りがあるため、十分に意を尽くせなかった部分もかなりありますが、当初の目的の半ば以上は達せられたのではないかと自負しています。

橋が日々の暮らしはもちろんのこと、国家の発展にとっても欠くことのできない社会資本であることはこれからも変わることはないでしょう。幸いわが国は、本州四国連絡橋の架設の実績が物語るように西欧をもしのぐ技術を手にして、世界でも最先端の橋を架けることができるようになりました。イタリアのメッシナ海峡に計画されている世界最大の支間長となる吊橋の建設においても、日本企業の貢献が期待されています。

一方では、多くの橋が老齢化によって、徐々に健全度を失ってきているという現実もあります。新しい橋を架けなおすには財政的な問題もあり、今後は既存の橋の寿命を延ばすことが時代の要求となってくるでしょう。新たに橋を架ける際も、これまで培《つちか》った技術を橋の長寿化に役立たせることを考えていかなくてはなりません。

世界への貢献と、長寿化。これからの橋はこの２つが大きなテーマになっていきますが、本書を読まれた方々に、これらについても関心を持っていただければ、これに優る喜びはありません。

東京大学の藤野陽三先生、土木学会関西支部の事務局の谷ちとせ様には執筆にあたり貴重なアドバイスやご意見をいただきました。また、講談社の山岸浩史氏には、編集、出版に際して多大な労をとっていただきました。ここに、厚く感謝いたします。

2010年３月

渡邊英一

執筆者一覧と執筆担当項目

田中輝彦（たなか・てるひこ）

神戸大学非常勤講師。株式会社川嶋建設非常勤顧問。元鹿島建設勤務

▶プロローグ、§1、§2、§3、§4、§5、§6、§8、§9、§11、§12、§13、§14、§17、§22、§29、コラム「橋のデザインと景観」

渡邊英一（わたなべ・えいいち）

財団法人大阪地域計画研究所理事長。京都大学名誉教授。工学博士

▶§15、§24、§25、§28、§30

一ノ瀬伯子ルイザ（いちのせ・ひろこ・ルイザ）

株式会社日本工業試験所勤務

▶§26、コラム「橋は淑女か紳士か」

田中充子（たなか・あつこ）

京都精華大学教授

▶§21、コラム「八橋」、「橋のミュージアム」、「人が住む橋」

西村宣男（にしむら・のぶお）

大阪大学名誉教授。工学博士

▶§7、§8、§20

古田　均（ふるた・ひとし）

関西大学教授。工学博士

▶§15、§23

松村　博（まつむら・ひろし）

株式会社ニュージェック勤務

▶コラム「橋姫の物語」、「史上最悪の落橋事故 —— 永代橋崩落」

保田雅彦（やすだ・まさひこ）

大日本コンサルタント株式会社勤務。工学博士

▶§10、§13、§16、§18、§19、§27

参考文献

『歴史と伝説にみる橋』W. J. ワトソンほか著　川田忠樹監修　川田貞子訳　建設図書（1986）

『橋の文化史　桁からアーチへ』ベルト・ハインリッヒ編著　宮本裕・小林英信共訳　鹿島出版会（1991）

『新科学対話』（上）ガリレオ・ガリレイ著　今野武雄・日田節次訳　岩波文庫（2007）

『橋はなぜ落ちたのか』ヘンリー・ペトロスキー著　中島秀人・綾野博之訳　朝日選書（2001）

『重力の達人』田中輝彦著　岩波ジュニア新書（1998）

『新版　日本の橋　―鉄・鋼橋のあゆみ―』日本橋梁建設協会編　朝倉書店（2004・非売品）

『架橋組曲』本州四国連絡橋公団編　海洋架橋調査会（1998）

『倉敷市瀬戸大橋架橋記念館』世界都市研究会編著　倉敷市瀬戸大橋架橋記念館（1988）

『本州四国連絡橋　児島・坂出ルート』本州四国連絡橋公団第二建設局編　海洋架橋調査会（1988）

『肥後の石工』今西祐行著　講談社文庫（1975）

『鋼道路橋施工便覧』日本道路協会（1985）

『コンクリート道路橋施工便覧』土木学会鋼構造委員会　日本道路協会（1998）

『浮体橋の設計指針』浮体橋の研究小委員会編　鋼構造シリーズ13　土木学会（2006）

『日本百名橋』松村 博著　鹿島出版会（1998）

『建設博物誌　超高層・大空間・橋・トンネル』鹿島建設編　鹿島出版会（1994）

『世界の橋―3000年にわたる自然への挑戦』David J. Brown著　加藤久人・綿引透共訳　丸善（2001）

『日本の名景　橋　Bridgescape in Japan』平野暉雄著　光村推古書院（2000）

『防食工学』木島茂著　日刊工業新聞社（1982）

『吊橋の文化史』川田忠樹著　技報堂出版（1981）

『鋼橋　設計編Ⅱ』小西一郎編　丸善（1976）

“The Viaduct over the river Tarn at Millau” Michel Virlogeux, Steel Bridge（2004）

『橋のなんでも小事典』土木学会関西支部編　渡邊英一ほか著　講談社ブルーバックス　（1991）

写真・図版の提供者・協力者一覧

FHWA（Federal Highway Administration, U.S.） 写真24-2

㈱大阪建設工業新聞社　写真15-9、写真22-6

大阪市建設局　図28-1、図28-2

鹿島建設㈱　写真1-2、写真9-4、写真9-5、写真25-5

世界都市研究会　図15-5

㈱ソキア・トプコン　写真19-2

東京都建設局　写真22-1

㈳土木学会　図15-9

豊岡市消防本部　写真14-3

日本橋梁㈱　207ページの写真

㈳日本橋梁建設協会　図3-4、図3-5、図3-6、図3-7、図3-8、写真27-1

㈱日本工業試験所　写真6-2、写真26-1

㈳日本道路協会　図16-1、図16-3、図16-4、図16-5、図16-6、図16-7

阪神高速道路㈱　写真12-1、写真12-2、写真23-1

本州四国連絡高速道路㈱　図3-9、写真4-1、図9-8、写真9-6、写真9-7、写真9-8、図9-9、写真13-3、図13-7、写真13-4、写真13-5、図18-1、図18-2、写真18-3、写真18-4、図19-1、写真19-1、図19-2、写真27-2、写真28-1、写真28-2、105ページの写真

前川建設㈱　写真17-3、写真17-4①、写真17-4③

徳島県三好市　写真29-1、写真29-2

横河工事㈱　写真29-3

後藤　隆　写真21-1
塩井幸武　図30-1
高橋信裕　写真15-4
Chung-Bang Yun　写真24-3
永田和寿　写真10-4
馬場俊介　写真7-5
吉田正昭　写真15-2、写真15-3

さくいん

【さ行】

【た行】

【な行】

【や行】

【ら行】

【わ行】

N.D.C.515　285p　18cm

ブルーバックス　B-1676

図解《ずかい》・橋《はし》の科学《かがく》

なぜその形なのか？　どう架けるのか？

2010年 3 月20日　第 1 刷発行

2024年12月13日　第 8 刷発行

編者　土《ど》木《ぼく》学会《がつかい》関西《かんさい》支《し》部《ぶ》

著者　田《た》中《なか》輝彦《てるひこ》

渡邊英一《わたなべえいいち》　他

発行者　篠木和久

発行所　株式会社講談社

〒112-8001 東京都文京区音羽2-12-21

電話　出版　03-5395-3524

販売　03-5395-5817

業務　03-5395-3615

印刷所　（本文表紙印刷）株式会社ＫＰＳプロダクツ

（カバー印刷）信毎書籍印刷株式会社

製本所　株式会社ＫＰＳプロダクツ

定価はカバーに表示してあります。

ISBN978−4−06−257676−5

発刊のことば

科学をあなたのポケットに

二十世紀最大の特色は、それが科学時代であるということです。科学は日に日に進歩を続け、止まるところを知りません。ひと昔前の夢物語もどんどん現実化しており、今やわれわれの生活のすべてが、科学によってゆり動かされているといっても過言ではないでしょう。

そのような背景を考えれば、学者や学生はもちろん、産業人も、セールスマンも、ジャーナリストも、家庭の主婦も、みんなが科学を知らなければ、時代の流れに逆らうことになるでしょう。

ブルーバックス発刊の意義と必然性はそこにあります。このシリーズは、読む人に科学的に物を考える習慣と、科学的に物を見る目を養っていただくことを最大の目標にしています。そのためには、単に原理や法則の解説に終始するのではなくて、政治や経済など、社会科学や人文科学にも関連させて、広い視野から問題を追究していきます。科学はむずかしいという先入観を改める表現と構成、それも類書にないブルーバックスの特色であると信じます。

一九六三年九月

野間省一